冶金工业出版社

普通高等教育“十四五”规划教材

化工安全概论

主　编　赵焕娟　周宣赤　黄国忠　张英华
副主编　庞　磊　高　娜　周正青　林　伟

（本书数字资源）

北　京
冶　金　工　业　出　版　社
2025

内容提要

本书引入课程思政元素，结合融媒体技术，系统论述了化工与安全所涵盖的不同方面，内容包括化学工业发展概况、化学品的性质特征及其危险性、化工厂设计与操作安全、燃烧和爆炸与防火防爆安全技术、职业毒害与防毒措施、压力容器的设计与使用安全、化工厂安全操作与维护、爆炸事故及后果评价、易燃易爆有毒重大危险源评价法等。

本书可作为高等院校化工安全专业本科生教材，也可供化工安全领域的工程技术人员阅读参考。

图书在版编目(CIP)数据

化工安全概论／赵焕娟等主编．--北京：冶金工业出版社，2025．3．--（普通高等教育“十四五”规划教材）．-- ISBN 978-7-5240-0090-7

Ⅰ．TQ086

中国国家版本馆 CIP 数据核字第 2025Z49J52 号

化工安全概论

出版发行 冶金工业出版社 **电　话** (010)64027926
地　址 北京市东城区嵩祝院北巷 39 号 **邮　编** 100009
网　址 www.mip1953.com **电子信箱** service@mip1953.com

责任编辑 张佳丽 美术编辑 吕欣童 版式设计 郑小利
责任校对 葛新霞 责任印制 窦 唯
北京印刷集团有限责任公司印刷
2025 年 3 月第 1 版，2025 年 3 月第 1 次印刷
787mm×1092mm 1/16；12 印张；291 千字；180 页
定价 46.00 元

投稿电话 (010)64027932 投稿信箱 tougao@cnmip.com.cn
营销中心电话 (010)64044283
冶金工业出版社天猫旗舰店 yjgycbs.tmall.com
（本书如有印装质量问题，本社营销中心负责退换）

目　　录

1 绪　　论

【导读】

化工行业是国民经济的支柱产业之一，对农业、轻工业、建材业、军工电子，以及医药等多个行业发挥着独特且不可替代的作用。但是，化学工业中使用的原料、成品和生成的副产物种类多、危险性强、生产条件苛刻，化学工业具有危险源多、危害大的特点，稍有不慎就会引发严重的安全事故和环境问题。因此，要积极解决化工安全生产问题，消除化工生产中各类安全隐患，杜绝安全事故发生。

【学习要求】

(1) 从化学工业自身物料和工艺的特点出发认识学习本门课程的重要性和必要性。

(2) 深刻理解化学工业的危险因素。

(3) 掌握化学工业的安全措施。

(4) 了解化工危险性评价基本方法。

1.1 化学工业发展与对安全的新要求

1.1.1 化学工业的发展概况

化学工业发展可分为4个时期：化学的萌芽时期、炼丹和医药化学时期、近代化工发展时期和现代化工发展时期。化学的萌芽时期是在实践经验的直接启发下经过长期摸索形成一些最早的化学工艺，如钻木取火，由黏土制出陶器等，但还没有形成化学知识，只是化学的萌芽时期。炼丹和医药化学时期对人类健康的贡献功不可没。近代化工发展时期主要体现在合成氨工业、石油化工、高分子化工和精细化工方面，该时期是化学工业真正称为大规模生产的主要阶段。现代化学工业发展概况见表1-1。

表1-1　现代化工发展概况

时　间	发　展　情　况
18世纪	法国开始发展现代化学工业，随后传入英国
19世纪	德国发展煤原料有机化工，美国发展现代化学工业
1888年	美国建立最早的化学工程专业
19世纪末20世纪初	石化工业基础：石油开采和炼厂兴建
1915年	美国提出单元操作的概念
20世纪30年代	纯机械时代进入以单元操作为基础的化工机械时代
20世纪40年代	美国3项重大开发：流化床催化裂化制取高级航空燃料油、丁苯橡胶的乳液聚合以及制造首批原子弹的曼哈顿工程

续表 1-1

时　间	发 展 情 况
20 世纪 50 年代	人们在单元操作的基础上，提出传递过程原理，单元操作解析为 3 种基本过程：动量传递、热量传递和质量传递
20 世纪 60 年代	开发新型高效催化剂、新型装置材料、大型离心压缩机
20 世纪 70 年代至今	面临能源、原料和环保三大方面挑战

现代化学工业发展以石油化学工业的发展和化学工程技术的产生为基础；美国一些著名大学陆续开设化学工程专业，推动了现代化学工业的发展，并由 A. D. Little 提出单元操作的概念；20 世纪 40 年代，因战争需要，3 项重大开发同时出现，分别为流化床催化裂化制取高级航空燃料油、丁苯橡胶的乳液聚合以及制造首批原子弹的曼哈顿工程。图 1-1 所示为原子弹爆炸场景。

图 1-1　原子弹爆炸场景

20 世纪 50 年代传递过程原理被提出。传递过程是指物质或能量从一个地方传递到另一个地方的过程，比如热传递、质量传递、动量传递、电磁传递等。在这些传递过程中，物质或能量的传递是通过某种介质进行的，比如热传递是通过热传导、热对流和热辐射等方式进行。高等传递过程原理是物理学中一个非常重要的概念，它涉及很多领域，包括工业生产、环境保护、科学研究等。了解传递过程的基本概念和原理，可以帮助我们更好地理解和应用这个原理，从而推动科学技术的发展和进步。

20 世纪 60 年代，新型高效催化剂的发明、新型高级装置材料的出现、大型离心压缩机的研究成功标志着化学工业进入新发展时期。

数值模拟技术的应用使化工过程开发周期缩短至 4 ~ 5 年。20 世纪 70 年代至今，现代化学工程技术对各个加工领域的渗透受到能源、原料和环保三大方面的挑战，也使其进入一个更高级的发展阶段。

1.1.2　化学工业发展伴生的新危险

化学工业发展伴生的新危险：

（1）化工生产涉及的危险品多。化工生产使用的原料、半成品和成品种类繁多，且绝大多数是易燃、易爆、有毒、有腐蚀性的危险化学品。由于化工生产是化学反应，在大量生产一种产品的同时，往往会产生许多关联产品和副产品，这些关联产品和副产品大部分又是化学工业的重要原料，并且大部分属于易燃、易爆、有毒、有腐蚀性的危险化学品，这给生产中对这些原材料、燃料、中间产品和成品的储存和运输都提出了特殊的要求。

（2）化工生产要求的工艺条件苛刻。化工产品种类繁多，每一种产品的生产不仅需要一种甚至几种特定的技术，而且根据原料和选择工艺的不同，化工生产的技术要求也不同。例如：由轻柴油裂解乙烯，进而生产聚乙烯的生产过程中，轻柴油在裂解炉中的裂解温度为800 ℃，裂解气要在深冷（-90 ℃）条件下进行分离，纯度为99.99%的乙烯气体在294 MPa的压力下聚合，制成高压聚乙烯树脂。此外，化工生产也要求有严格的比例性和连续性。一般的化工产品的生产，对物料都有一定的比例要求，在生产过程中，上下工序之间，各车间、各工段之间，往往都有严格的比例，否则就会影响生产甚至会造成生产中断。

（3）生产规模大型化。化工生产主要是装置生产，从原材料到产品加工的各个环节，都是通过管道输送，采取自动控制进行调节，形成一个首尾连贯、各环节紧密衔接的生产系统。对于这样的生产装置，化工生产可以长周期运转，生产效率高，便于调节控制；但其中任何一个环节发生故障，都有可能使生产过程中断。国际上化工生产普遍采用大型生产装置，采用大型装置可以明显降低单位产品的建设投资和生产成本，因此，各国化工生产装置都趋于大型化。

1.1.3 案例分析及思政要点

案例1 “8·12”天津滨海新区爆炸事故

（1）事故案例：2015年8月12日22时51分46秒，位于天津市滨海新区吉运二道95号的瑞海公司危险品仓库运抵区最先起火，23时34分06秒发生第1次爆炸，23时34分37秒发生第2次更剧烈的爆炸。事故现场形成6处大火点及数十个小火点，8月14日16时40分，现场明火被扑灭。

此次事故造成165人遇难（参与救援处置的公安现役消防人员24人、天津港消防人员75人、公安民警11人，事故企业、周边企业员工和周边居民55人），8人失踪（天津港消防人员5人，周边企业员工、天津港消防人员家属3人），798人受伤住院治疗（伤情重及较重的伤员58人、轻伤员740人）；304幢建筑物（其中办公楼宇、厂房及仓库等单位建筑73幢，居民1类住宅91幢、2类住宅129幢、居民公寓11幢）、12428辆商品汽车、7533个集装箱受损。

（2）事故原因：事故的直接原因为瑞海公司危险品仓库运抵区南侧集装箱内的硝化棉由于湿润剂散失出现局部干燥，在高温（天气）等因素的作用下加速分解放热，积热自燃，引起相邻集装箱内的硝化棉和其他危险化学品长时间大面积燃烧，导致堆放于运抵区的硝酸铵等危险化学品发生爆炸。

（3）思政要点：天津港“8·12”事故发生后，全国危险化学品和化工行业安全监管得到重视。中央办公厅、国务院办公厅印发《关于全面加强危险化学品安全生产工作的意见》；工业和信息化部、公安部、生态环境部、交通运输部、应急部、海关总署等相关部门积极行动，组织在全国范围内开展危化品安全专项整治、非法违法“小化工”专项整治、三轮硝酸铵等爆炸性危化品安全专项排查治理、危化品道路运输安全专项整治，建立了重大危险源数据库、危险化学品安全生产风险预警系统，理顺了港口安全管理体制机制。生态环境部、应急部积极推动各地建立安全和环保联动工作机制，组织开展危险废物专项治理，先后完成全国400多个化工园区、2.1万家企业危险废物环境风险排查。天津市加强地方立法，进一步明确政府和企业的责任，加强部门联合审批。2015年当年关停并转涉危化品企业833家，督促整改1750家。

案例2 “6·9”浙江杭州临平市场火灾事故

（1）事故案例：2022年6月9日上午10时左右，杭州市临平区望梅路588号杭州湾建材市场发生一起火灾，起火处为位于该市场18幢2楼的杭州互动冰雪文化旅游发展有限公司，造成4人死亡，两名消防员牺牲，19人受伤。

（2）事故原因：2022年6月9日9时56分，杭州冰雪大世界进行消防管道维修时，违章电焊切割作业，熔渣引燃了位于杭州冰雪大世界二层冰雕区7F立柱北侧与冰墙之间缝隙下部掉落的管道保温材料残片和装饰装修材料。事故调查排除遗留火种、电气故障、物品自燃、人为放火等引发火灾的可能。

（3）思政要点：该事故中两名消防员为保障人民生命财产安全，奉献出自己的生命，作为一名“安全人”，我们要增强社会责任感和安全职业道德，把人民生命财产安全、国家安全放在首要位置。

案例3 宁夏“10·24”储罐爆燃事故

（1）事故案例：2023年10月24日9时15分许，宁东能源化工基地宁夏畅亿清洁能源有限责任公司（原宁夏鲲鹏清洁能源有限公司）发生一起建设施工的储罐爆燃事故，造成4人死亡，直接经济损失1204.45万元。

（2）事故原因：事故直接原因：该起事故是一起因畅亿公司违规使用在建的乙二醇储罐储存工业废水，中冶建安公司在乙二醇储罐保温保冷施工中组织特种作业资格人员在罐顶违规动火作业，引燃罐内积聚的易燃气体，导致爆燃事故发生。

（3）思政要点：重点要牢固树立安全意识，严格遵守行业准则和职业规范，努力提升自身素养，明白从事行业的特殊性和复杂性，切勿因一时疏忽大意给自己和他人造成灾难性后果，同时明白生命的可贵与脆弱，懂得珍惜生命，热爱生活。

案例4 “11·17”江西吉安医药公司爆炸事故

（1）事故案例：2020年11月17日7时21分左右，位于江西省吉安市井冈山经开区富滩产业园海洲医药化工有限公司发生爆炸事故，造成3人死亡、5人受伤。

（2）事故原因：据初步调查，事故发生原因是303釜处理的对甲苯磺酰脲废液中含有溶剂氯化苯，操作工使用真空泵转料至302釜中，因302釜刚蒸馏完前一批次物料尚未冷却降温，废液中的氯化苯受热形成爆炸性气体，转料过程中产生静电引起爆炸。

（3）思政要点：该事故中，操作人员对废液处理工艺安全风险认识不足，“人-机-环”大安全系统观念缺乏，安全意识淡薄。我们要形成“人-机-环”大安全系统观，努力确保系统安全，不断提升安全治理能力。

案例5 江苏响水天嘉宜化工有限公司“3·21”特别重大爆炸事故

（1）事故案例：2019年3月21日14时48分许，位于江苏省盐城市响水县生态化工园区的天嘉宜化工有限公司（以下简称天嘉宜公司）发生特别重大爆炸事故，造成78人死亡、76人重伤，640人住院治疗，直接经济损失198635.07万元。

（2）事故原因：事故直接原因是：天嘉宜公司旧固废库内长期违法贮存的硝化废料持续积热升温导致自燃，燃烧引发硝化废料爆炸。

（3）思政要点：此次事故发生后江苏省痛定思痛，先后组织召开14次省委常委会会议、39次省政府常务会议和专题会研究安全生产工作。通过产业调整，全省化工企业从4022家减少到2001家，压减化工园区13个（占比24.5%）；危废库存从“3·21”事故发生时的57.6万吨减至25.1万吨，消解了大批安全隐患。8779名领导干部深入行业领域、企业宣讲安全生产，150万名企业人员受教育，也促进了宣讲干部自觉筑牢新发展理念。江苏生态环境和应急部门建立生态环境和应急部门审批、危险废物监管、环境治理设施监管、联合执法、线索移交、信息共享联动机制。

高质量发展的基础保障是安全生产，应明确风险治理的重要性，提升对生命的认知，“人民至上、生命至上”，加强职业认同感。要有“红线意识、底线思维”，强化对职业内涵的认知，激发工作热情，形成强烈的职业使命感和认同感，珍爱生命，强化遵法守规意识，树立高质量行业发展及工业强国意识，形成“强国有我”的强烈使命感。

1.1.4 化学工业发展对安全的新要求

随着化学工业的发展，化学工业发展对安全有了新的要求。

化工装置规模巨大、结构复杂、装置相互作用、互相制约，因此存在薄弱环节，系统比较脆弱。且工艺过程物料外泄存在危险，需要评估危险，对加工制造工艺提出更高要求，化工安全设计更加重要。

生产连续化、操作集中化及全流程自动控制，节省中间环节，但生产故障会影响全局，需要对工艺设备和工艺过程严格要求，尤其是需要提高系统设备和元件的可靠性。

可靠度是指系统设备、元件在规定的条件下和预定的时间内完成规定功能的概率，包括化工装置设计中对安全设计的评估、控制系统和人员配置的可靠性，以及对新的危险进行辨识和评价。

化工的发展伴随大量新材料合成，采用新工艺技术，带来新的危险，需要对其进行危险辨识，并进行定性和定量的危险评价，优化安全措施。

1.2 化学工业的危险因素与安全措施

1.2.1 化学工业危险因素

美国保险协会（American International Assurance，AIA）对化学工业的317起火灾、爆炸事故进行调查，分析了主要原因和次要原因，把化学工业危险因素归纳为以下9个方面：工厂选址、工厂布局、工厂结构、对加工物质的危险性认识不足、化工工艺、物料输送、误操作、设备缺陷、防灾预案不充分。

工厂选址方面的问题包括：

（1）易遭受地震、洪水、暴风雨等自然灾害；

（2）水源不充足；
（3）缺少公共消防设施的支援；
（4）有高湿度、温度变化显著等气候问题；
（5）受邻近危险性大的工业装置影响；
（6）邻近公路、铁路、机场等运输设施；
（7）在紧急状态下难以将人员和车辆疏散至安全的地方。

图 1-2 所示为某工厂选址图。

图 1-2　工厂选址示例图

工厂布局方面的问题包括：
（1）工艺设备和贮存设备过于密集；
（2）有显著危险性和无危险性的工艺装置之间的安全距离不足；
（3）重要设备过于集中；
（4）对不能替换的装置没有有效的防护；
（5）锅炉、加热器等火源与可燃物工艺装置之间距离过小；
（6）有地形障碍。

图 1-3 所示为某工厂布局示例图。

工厂结构方面的问题包括：
（1）支撑物、门、墙等没有采用防火结构；
（2）电气设备无保护措施；
（3）防爆通风换气能力不足；
（4）控制和管理的指示装置无保护措施；
（5）装置基础薄弱。

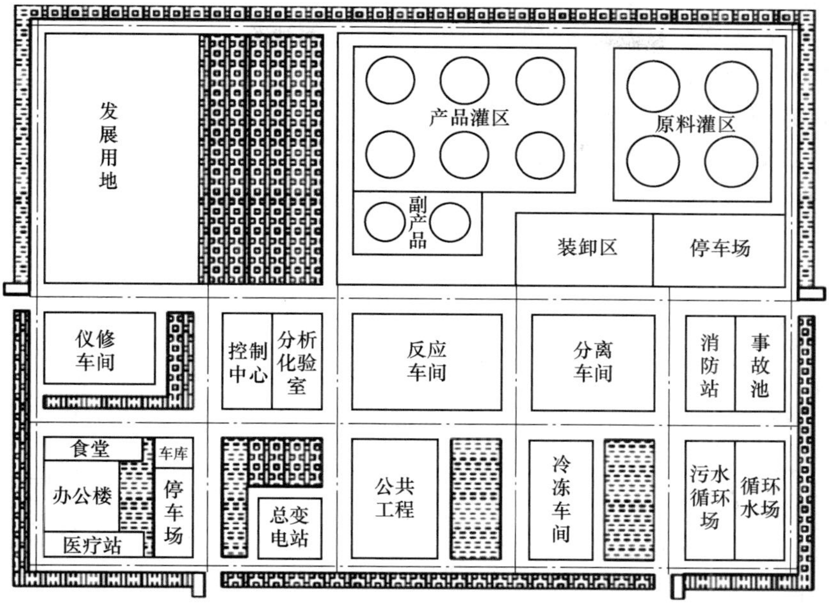

图 1-3　化工厂布局示例图

图 1-4 为某电气工厂结构示例图。

图 1-4　电气工厂结构示例图

对加工物质的危险性认识不足方面包括：

（1）在装置中原料混合，在催化剂作用下自然分解；

（2）对处理的气体、粉尘等在其工艺条件下的爆炸范围不明确；

（3）没有充分掌握因误操作、控制不当而使工艺过程处于不正常状态时的物料和产品的详细情况。

化工工艺方面的问题包括：

(1) 没有足够的有关化学反应的动力学数据；

(2) 对副反应的危险性认识不足；

(3) 没有根据热力学研究确定爆炸能量；

(4) 不能快速准确检测工艺的异常情况。

图 1-5 所示为某化工工艺图。

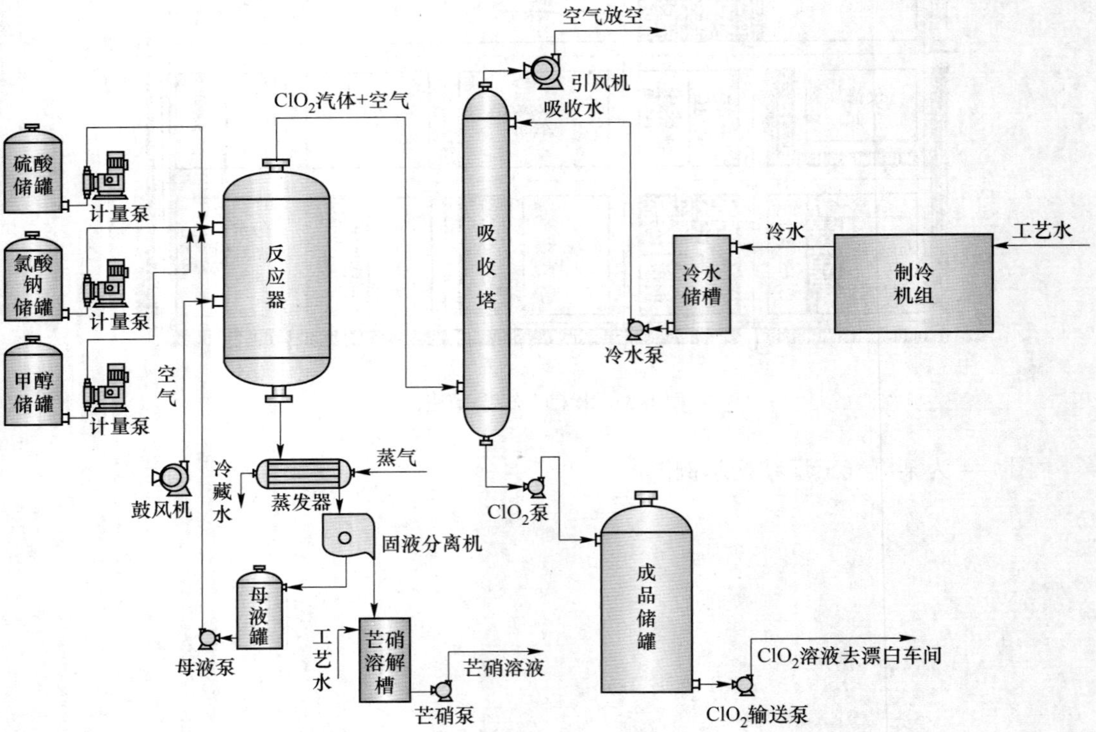

图 1-5 化工工艺图

物料输送方面的问题包括：

(1) 各种单元操作时对物料流动不能进行良好控制；

(2) 产品的标示不完全；

(3) 风送装置内的粉尘爆炸；

(4) 废气、废水和废渣处理过程中的危险性；

(5) 装置内的装卸设施存在的危险。

图 1-6 为某工厂物料输送图。

误操作方面的问题包括：

(1) 忽略关于运转和维修的操作教育；

(2) 没有充分发挥管理人员的监督作用；

(3) 开车、停车计划不适当；

(4) 缺乏紧急停车的操作训练；

图 1-6　物料输送图

(5) 没有建立操作人员和安全人员之间的协作体制。

图 1-7 为某操作系统图。

图 1-7　操作系统图

设备缺陷方面的问题包括:

(1) 因选材不当而引起装置腐蚀、损坏;

(2) 设备不完善, 如缺少可靠的控制仪表等;

(3) 材料的疲劳;

(4) 对金属材料没有进行充分的无损探伤检查或没有经过专家验收;

(5) 结构上有缺陷, 如不能停车而无法定期检查或进行预防维修;

（6）设备在超过设计极限的工艺条件下运行；

（7）对运转中存在的问题或不完善的防灾措施未及时改进；

（8）没有连续记录温度、压力、开停车情况及中间包和受压罐内的压力变动。

图 1-8 为某工厂设备图。

图 1-8 工厂设备图

防灾预案不充分方面的问题包括：

（1）没有得到管理部门的大力支持；

（2）责任分工不明确；

（3）装置运行异常或故障仅由安全部门负责；

（4）没有预防事故的预案，或即使有也很不充分；

（5）有紧急情况未采取得力措施；

（6）没有实行由管理部门和生产部门共同进行的定期安全检查；

（7）没有对生产负责人和技术人员进行安全生产的继续教育和防灾培训。

表 1-2 是瑞士再保险公司统计了化学工业和石油工业 102 起事故案例，分析上述 9 类危险因素所起的作用占比。

表 1-2 瑞士再保险公司化学工业和石油工业 102 起事故案例危险因素占比分析

类别	危险因素	危险因素的比例/%	
		化学工业	石油工业
1	工厂选址问题	3.5	7.0
2	工厂布局问题	2.0	12.0
3	工厂结构问题	3.0	14.0
4	对加工物质的危险性认识不足	20.2	2.0
5	化工工艺问题	10.6	3.0

续表 1-2

类别	危险因素	危险因素的比例/%	
		化学工业	石油工业
6	物料输送问题	4.4	4.0
7	误操作问题	17.2	10.0
8	设备缺陷问题	31.1	46.0
9	防灾计划不充分	8.0	2.0

1.2.2 化工装置的紧急状态

化工装置的紧急状态可以划分为以下 5 个等级：

(1) 运转失灵：指运转发生紊乱，只要更换备用设施，就可在尚未发生故障或事故之前恢复正常运转；

(2) 故障：指设备需要停车检修，但又未发生其他损坏的状态；

(3) 异常：指对工艺过程需要采取一定措施，否则就有可能发生事故；

(4) 事故：指设备损坏、生产中止或火灾、爆炸、毒物泄漏、人员伤亡，对此必须采取紧急措施，事故状态没有扩展；

(5) 灾害：指不但发生了事故，而且事故状态扩展，对外界造成威胁，需要采取紧急措施，并求得外部支援。

1.2.3 化工生产中的重大危险源

1.2.3.1 基本概念

危险源是指可能导致伤害或疾病、财产损失、工作环境破坏或这些情况组合的根源或状态。

危险源的实质是具有潜在危险的源点或部位，它是爆发事故的源头，是能量、危险物质集中的核心，是能量传出来或爆发的地方。

重大危险源是指长期地或临时地生产、加工、搬运、使用或贮存危险物质，且危险物质的数量等于或超过临界量的单元。

1.2.3.2 重大危险源的范围

重大危险源的范围包括贮罐区（贮罐）、库区（库）、生产场所、企业危险建（构）筑物、压力管道、锅炉、压力容器。图 1-9 所示为某工厂压力管道照片。

1.2.3.3 重大危险源的类型

重大危险源包括第一类危险源和第二类危险源。第一类危险源是指系统中存在的、可能发生意外释放的能量或危险物质；第二类危险源是指导致约束、限制能量措施失效或破坏的各种不安全因素。

任何事故的发生都是上述两类危险源共同作用的结果。例如正常运作的高压锅炉，这是能量的载体（第一类危险源）。只有锅炉炉体失修、严重腐蚀这种第二类危险源存在的

图 1-9 某工厂压力管道

情况下，才有可能发生高压锅炉爆炸等事故。在第二类危险源不存在的情况下，这种高压锅炉仍然会正常运作，而不会发生爆炸事故。

1.2.4 化学工业安全措施

化学工业安全措施方面主要分为设备安全、物料加工和操作安全以及装置布局安全。

设备安全包括：

(1) 是否按照相应的安全标准、规范进行设计；

(2) 是否按照设计说明书正确进行制造；

(3) 是否有适当的安全防护装置；

(4) 维护、检查的程序是否完善。

物料加工和操作安全包括：

(1) 建立原料、中间体、产物和副产物的完整的物性数据档案；

(2) 操作程序按照有、无化学反应两种类型分门别类地进行分析和评价，特别对可能造成重大损失的或损害的操作要格外注意。

装置布局安全包括：

(1) 需留有足够空间以把工艺单元可能的火灾控制在最小范围；

(2) 对于极为重要的单系列装置，要保留足够的空间；

(3) 危险性极大的区域应该与其他部分保持足够的安全距离；

(4) 装置事故不能直接影响水、电、气（汽）等设施；

(5) 应该设置防水设备；

(6) 应该特别注意公路、铁路在装置附近的情况；

(7) 对于道路设置，应该注意在发生事故时能较方便地接近装置；

(8) 对装置的边界和出入口，应该进行监视设施。

1.3 化工安全理论和技术的发展动向

化工安全工程是一门涉及范围很广、内容极为丰富的综合学科。化工安全的理论和技术随着化学工业的发展和各学科知识的不断深化取得了较大进展，化工装置和控制技术的可靠性、化工设备故障诊断技术、化工安全评价技术，以及防火、防爆和防毒的技术和手段都有了很大发展。

1.3.1 化工危险性评价和安全工程概述

系统安全分析（systems safety analysis）的目的是保证系统安全运行，查明系统中的危险因素，以便采取相应措施消除系统故障或事故。主要可分为：安全检查表法（Safety Checklist Analysis，SCA）、预先危险性分析（Preliminary Hazard Analysis，PHA）、危险性与可操作性研究（Hazard and Operability Study，HAZOP）、故障类型和影响分析（Failure Mode Effects Analysis，FMEA）、事件树分析（Event Tree Analysis，ETA）、事故树分析（Fault Tree Analysis，FTA）、因果分析（Cause and Consequence Analysis，CCA）。具体内容见表 1-3。

表 1-3 系统安全分析

系统分析方法	开发研制	方案设计	详细设计	建成投产	日常运行	改扩建	事故调查
安全检查表（SCA）		√	√	√	√	√	
预先危险性分析（PHA）	√	√	√			√	
危险性与可操作性研究（HAZOP）			√		√	√	√
故障类型和影响分析（FMEA）			√		√	√	√
事件树分析（ETA）					√	√	√
事故树分析（FTA）		√	√		√	√	√
因果分析（CCA）			√		√	√	√

针对系统性质和安全评价目的将安全评价分为以下 4 类。

1.3.1.1 经验系统化方法

该类方法是通过以往的事故经验把评价对象的危险性辨识出来。

A 安全检查表法

安全检查表法（SCA）把评价对象划分为子系统，如厂区选址、公用工程、工艺流程、设备配置、安全装置、人机工程、消防设施等，根据过去的经验，找出危险性所在并附以有关的规范要求，按序编制成表。

如手持灭火器安全检查表见表 1-4。

表 1-4 手持灭火器安全检查表

单位： 检查对象： 检查人：

检查时间： 被检查单位负责人： 整改负责人：

编号	安全检查项目	检查结果		整改措施（备注）
		是	否	
1	有足够数量的手持灭火器吗?			
2	灭火器的放置地点能使任何人都马上看到吗?			
3	通向灭火器的通道畅通无阻吗?			
4	每个灭火器上都有有效的检查标志吗?			
5	各灭火器对要灭的火灾适用吗?			
6	操作人员都熟悉灭火器的操作吗?			
7	是否已用其他灭火器取代了四氯化碳灭火器?			
8	灭火剂易冻的灭火器采取了防冻措施吗?			
9	用过的或损坏的灭火器是否马上更新了?			
10	每个人都知道灭火器所在地点吗?			
11	汽车库内有必备的灭火器吗?			

B 预先危险性分析方法

预先危险分析（PHA）又称初步危险分析。预先危险分析是系统设计期间危险分析的最初工作，也可运用它作运行系统的最初安全状态检查，是系统进行的第一次危险分析。

预先危险性分析是进一步进行危险分析的先导，是一种宏观概略定性分析方法，适用于固有系统中采取新的方法，接触新的物料、设备和设施的危险性评价。其重点应是系统的主要危险源以及控制这些危险源的措施。

预先危险性分析的结果可作为对新系统综合评价的依据，还可作为系统安全要求、操作规程和设计说明书的主要内容，同时预先危险性分析为以后要进行的其他危险分析打下基础。

C 道（DOW）化学火灾爆炸指数评价法

1964 年美国道（DOW）化学公司根据化工生产的特点，首先开发出“火灾、爆炸危险指数评价法”，用于对化工生产装置进行安全性评价。方法经过多次修订，不断完善。它是以以往事故的统计资料、物质的能量和现行的安全防护措施的状况为依据，以单元重要危险物质在标准状态下的火灾、爆炸或释放出危险性潜在能量大小为基础，同时考虑工艺过程的危险性，计算单元火灾、爆炸指数，确定危险等级。还对特定物质、一般工艺及特定工艺的危险修正系数，求出火灾爆炸指数，然后按指数大小确定危险等级，并据此确定在建筑结构、消防设施、电器仪表、控制方法等方面的要求。目前广泛采用的是该公司《火灾、爆炸危险性指数评价方法》第 7 版。其评价程序如图 1-10 所示。

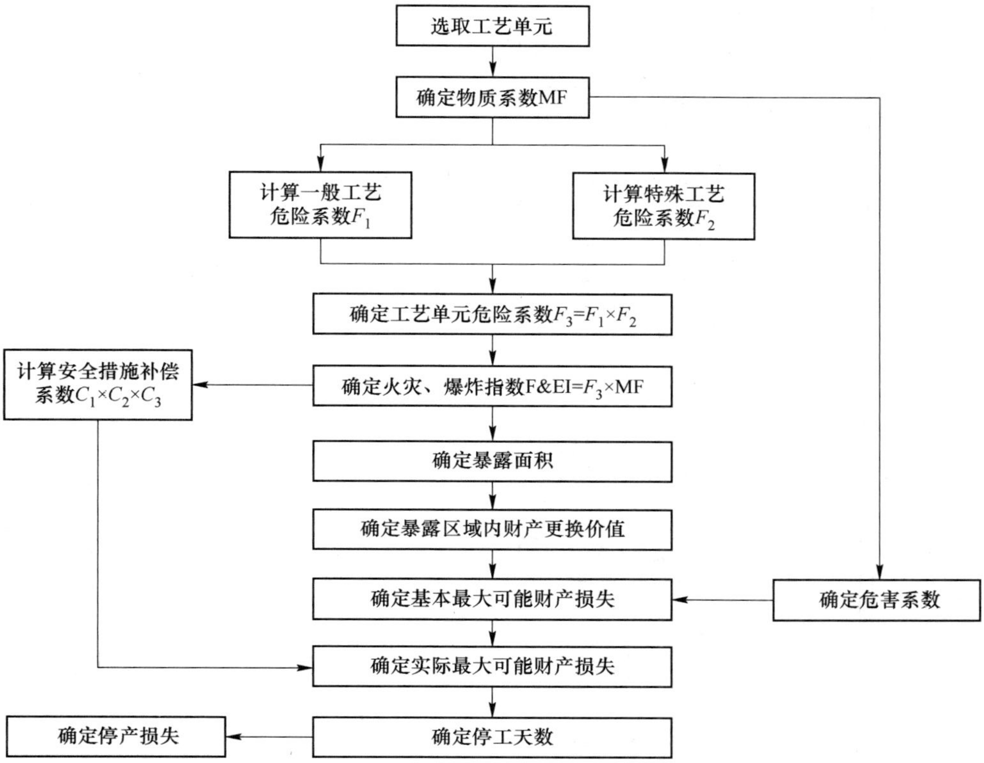

图 1-10　评价程序

1.3.1.2　系统解剖分析法

当开发化学工业新工艺、新建或改建装置时，对其中的危险性还没有足够的认识，这时需要对系统进行解剖，研究各个组成部分的作用及其发生故障时对系统的影响。英国帝国化学公司（ICI）开发的危险性可操作研究方法（HAZOP）采用的就是系统解剖的方法。其主要内容是对危险性进行严格检查，理论依据是工艺流程的状态参数如温度、压力、流量等，一旦与设计值发生偏离，就会出现问题或发生危险。用这种方法对工艺流程进行全面考察，对其中每一阶段的工艺参数用规定好的关键词提问，提出会出现什么偏离，产生什么样的后果。这种方法可充分发挥各类专业人员的知识特长，集思广益，发现工艺中的危险性。

HAZOP 分析流程如图 1-11 所示。

1.3.1.3　逻辑推导法

逻辑推导法是采用逻辑推理的方法辨识危险性，事件树法（ETA）和事故树法（FTA）就属于这种方法。

事件树法是选定一个事件作为初始事件，按照逻辑推理的方法推论其发展过程。在每个过程的节点都有两个发展方向，即成功和失败。从初始事件不断推论下去，直至找出事

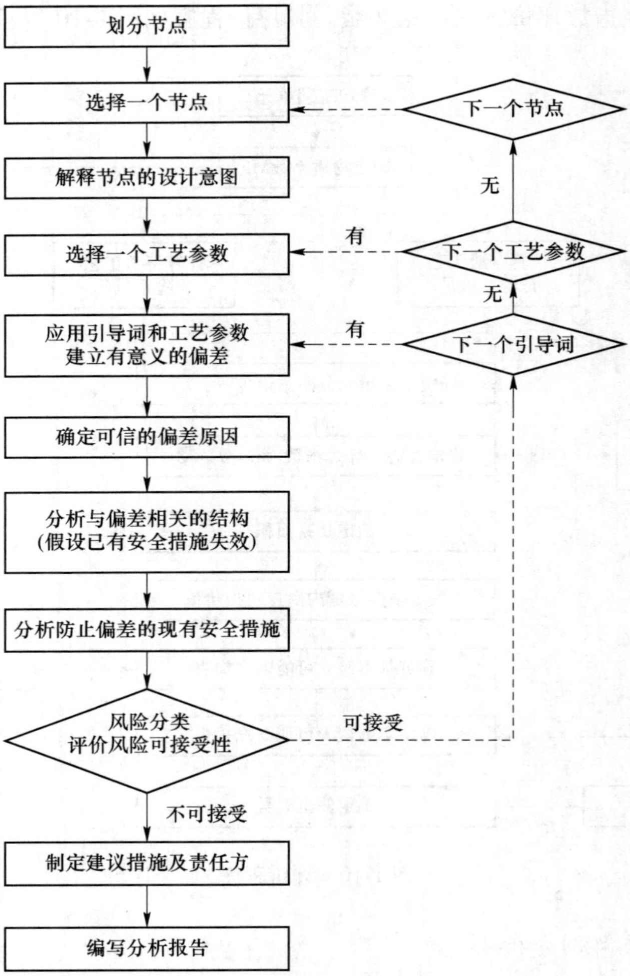

图 1-11 HAZOP 分析流程

件发展的所有可能结果。

事故树法则相反，它是以一个事故结果作为起始事件，通过分析找出直接原因作为中间事件，然后再找出中间事件的直接原因。这样一步步推导下去，直至找到所有的事故致因。逻辑推导法特点是能找出凭经验辨识不出的危险性及其组合。

1.3.1.4 人为失误分析法

据统计，人为失误造成的事故占事故总数的 75%～90%。由于人受心理、素质、社会、家庭、环境等因素的影响，造成工作失误的原因很多。近年来为防止人为失误采取了以下 3 项措施：(1) 设计安全、自动防止故障的安全设备，即使操作失误也不会发生事故；(2) 从人机工程学的原理设计控制室和操作程序，尽量减少失误行为；(3) 提高人的素质，采取科学的安全管理方法，防止人为失误。

人失误主因论及轨迹交叉论流程如图 1-12 和图 1-13 所示。

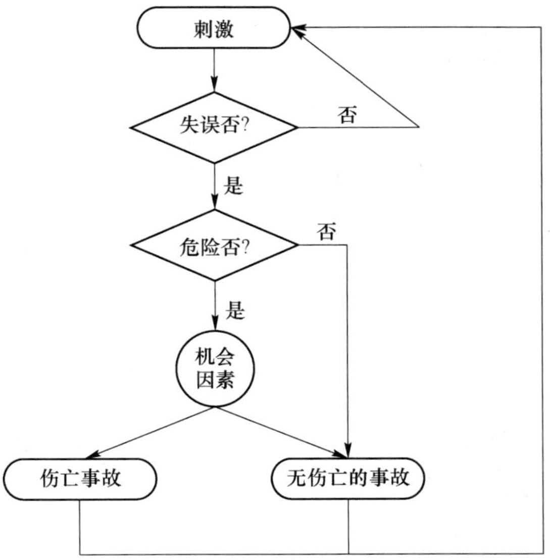

图 1-12　人为失误主因论及轨迹交叉论流程图

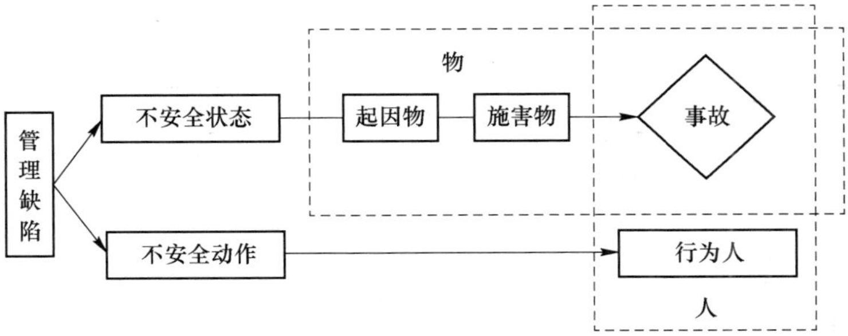

图 1-13　轨迹交叉论

1.3.2　安全系统工程的开发和应用

安全系统工程以工程设计、安全原理和系统工程的分析方法为基础，对系统的安全性进行定性和定量分析、评价及预测，并采取综合措施控制系统的危险性，使系统达到最优化安全状态。

（1）安全系统工程的特点：

1）安全系统工程是系统工程在安全领域的应用。

2）系统安全性分析是安全系统工程的核心。

3）危险的预防和控制是安全系统工程的主要内容。

4）达到最优化安全状态是安全系统工程的精髓，是安全系统工程的最终体现。

（2）安全系统工程作为一种科学的方法体系，具有以下特点：

1）对于计划、设计、加工制造、运行等全过程中的安全技术和安全管理问题，进行系统的考虑，便于找出其中固有的和潜在的危险因素。

2）便于对生产系统的安全性进行定性和定量的分析评价，对事故进行预测，确定系统安全的最优方案。

3）便于实现安全技术的标准化和安全管理的系统化。

1.3.3 人机工程学、劳动心理学和人体测量学的应用

1.3.3.1 人机工程学

人机工程学是现代管理科学的重要组成部分。它应用生物学、人类学、心理学、人体测量学和工程技术科学的成就，研究人与机器的关系，使工作效率达到最佳状态。

人机协作：人的优点是对工作状况有认知能力和适应能力，但容易受精神状态和情绪变化的支配。而且人易于疲劳，缺乏耐久性。机械则能持久运转，输出能量较大，但对故障和外界干扰没有自适应能力。人和机械都取其长、弃其短，密切配合，组成一个有机体，从根本上提高人机系统的安全性和可靠性，获得最佳工作效率。人机协作流程如图 1-14 所示。

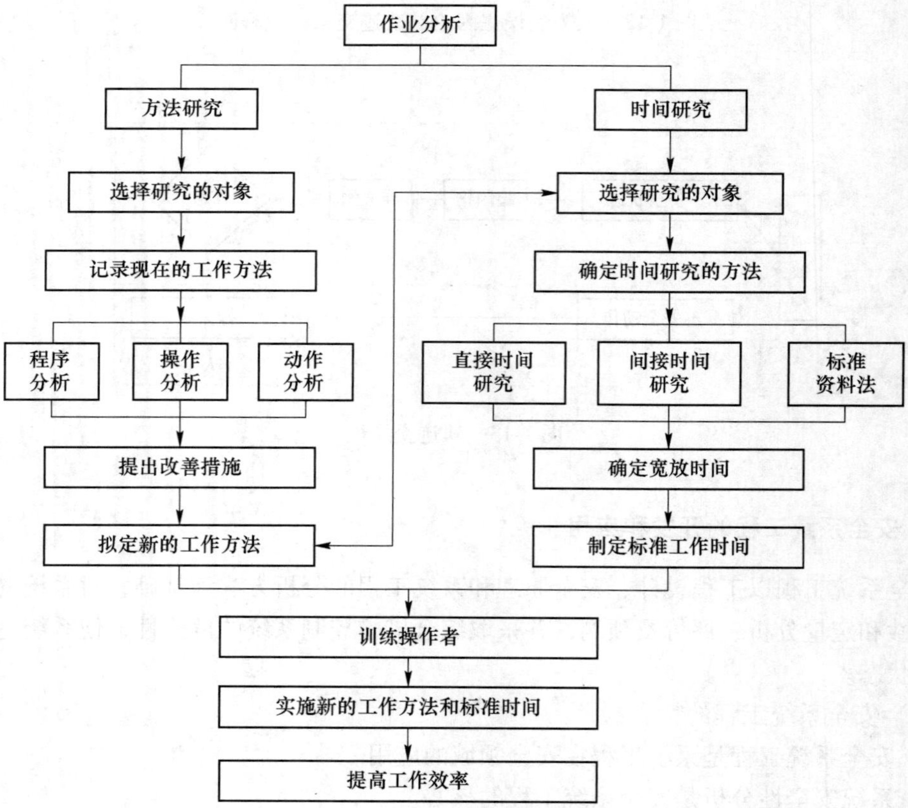

图 1-14 人机协作

改善工作条件：人在高温、辐射、噪声、粉尘、烟雾、昏暗、潮湿等恶劣条件下容易失误，引发事故，改善工作条件则可以保证人身安全，提高工作效率。

改进机具设施：机具设施的设计应该适合人体的生理特点，这样可以减少失误行为。比如按照以上人机工程学原理设计控制室和操作程序，可以强化安全，提高工作效率。

提高工作技能：对操作者进行必要的操作训练，提高其操作技能，并根据操作技能水平选评其所承担的工作。

因人制宜：研究特殊工种对劳动者体能和心智的要求，选派适宜的人员从事特殊工作。

1.3.3.2　劳动心理学

劳动心理学是从心理学的角度研究照明、色调、音响、温度、湿度、家庭生活与劳动者劳动效率的关系。主要内容如下：

（1）根据操作者在不同工作条件下的心理和生理变化情况，制订适宜的工作和作息制度，促进安全生产，提高劳动效率；

（2）发生事故时除分析设备、工艺、原材料、防护装置等方面存在的问题外，同时考虑事故发生前后操作者的心理状态。从而可以从技术上和管理上采取防范措施。

1.3.3.3　人体测量学

人体测量学是通过人体的测量指导工作场所安全设计、劳动负荷和作息制度的确定以及有关的安全标准的制订。它需要测定人体各部分的相关尺寸，执行器官活动所涉及的范围。除了生理方面的测定外，还要进行心理方面的测试。人体测量学的成果为人机工程学、安全系统工程等现代安全技术科学所采用。

人的信息接受能力见表1-5。

表1-5　人的信息接受能力

感觉	感受器	适宜刺激	刺激物
视觉	眼睛	一定频率范围的电磁波	外部
听觉	耳	一定频率范围的声波	外部
旋转	半规管肌肉感受器	内耳液压变化、肌肉伸张	外部
下落直线运动	半规管	内耳小骨位置变化	外部
味觉	舌头和口腔的一些特殊细胞	溶于唾液等化学物质	外部
嗅觉	鼻腔黏膜上的一些毛细胞	蒸发的化学物质	外部
触觉	主要是皮肤	皮肤表面的变形弯曲	接触
振动觉	无特定器官	机械压力的振幅及频率变化	接触
压觉	皮肤及皮下组织	皮肤及皮肤组织变形	接触
温度觉	皮肤及皮下组织	环境媒介的温度变化，或人体接触物的温度变化，机械运动，某些化学物质	外部或接触
表层痛感	确切的感受尚不清楚，一般认为是皮肤的自由神经末梢	强度很大的压力、热、冷、冲击及某些化学物质	外部或接触
深层痛感	一般认为是皮肤的自由神经末梢	极强的压力和高温	外部或接触
位觉和运动觉	肌肉、腱神经末梢	肌肉拉伸、收缩	内部
自身动觉	关节	不清楚	内部

1.3.4 化工安全技术的新进展

近几十年来，在安全技术领域广泛应用各个技术领域的科学技术成果，在防火、防爆、防中毒、防止机械装置破损、预防工伤事故和环境污染等方面，都取得了较大发展，安全技术已发展成为一个独立的科学技术体系，对安全的认识不断深化，实现安全生产的方法和手段日趋完善。

（1）设备故障诊断技术和安全评价技术迅速发展。

高压技术的应用越来越普遍，因此，对压力容器的安全监测变得极为重要。无损探伤技术迅速发展，声发射技术和红外热像技术在探测容器的裂纹方面、断裂力学在评价压力容器寿命方面都得到了重要应用。

危险性具有潜在的性质，在一定条件下可以发展成事故，也可以采取措施抑制其发展。目前国内外积极推行的安全评价技术，就是在危险性辨识的基础上，对危险性进行定性和定量评价，并根据评价结果采取优化的安全措施。

（2）监测危险状况、消除危险因素的新技术不断出现。

危险状况测试、监视和报警的新仪器不断投入应用。不少国家广泛采用了烟雾报警器和火焰监视器。感光报警器、可燃性气体检测报警仪、有毒气体浓度测定仪、噪声测定仪、电荷密度测定仪和嗅敏仪等仪器也相继投入使用。

消除危险因素的新技术、新材料和新装置的研究不断深入。橡胶和纺织行业已有效地采用了放射性同位素静电中和剂，在烃类燃料和聚合物溶液中，抗静电添加剂已投入使用。压力、温度、流速、液位等工艺参数自动控制与超限保护装置被许多化工企业所采用。

（3）救人灭火技术有了很大进展。

许多国家在研制高效能灭火剂、灭火机和自动灭火系统等方面取得了很大进展。如美国研制的新灭火抢救设备空中飞行悬挂机动系统，具有救人灭火等多种功能。法国研制的含有玻璃纤维的弹性软管，能耐800 ℃的高温，当人在软管中迅速滑落时，不会灼伤，手和脸部的皮肤也不会擦伤。

（4）预防职业危害的安全技术有了很大进步。

在防尘、防毒、通风采暖、照明采光、噪声治理、振动消除、高频和射频辐射防护、放射性防护、现场急救等方面都取得了很大进展。

另外，化工生产和化学品贮运工艺安全技术、设施和器具等的操作规程及岗位操作规定，化工设备设计、制造和安装的安全技术规范不断趋于完善，管理水平也有了很大提高。

习题与答案

1-1 单元操作是什么？

答：化学工业产品种类繁多。各种产品的生产过程中包含着各种各样的物理加工过程。根据它们的操作原理，可以归纳为应用较广的数个基本操作过程，如流体输送、搅拌、沉降、过滤、热交换、蒸发、结晶、吸收、蒸馏、萃取、吸附以及干燥等。例如，乙醇、乙烯及石油等生产过程中，都采用蒸馏操作分离液体混合物，所以蒸馏为一个基本操作过程。又如合成氨、硝酸及硫酸等生产过程中，都采用吸收操作分离气体混合物，所以吸收也是一个基本操作过程。又如尿素、聚氯乙烯及染料等生产过程中，都采用干燥操作以除去固体中的水分，所以干燥也是一个基本操作过程。这些基本操作过程称为单元操作（unit operation）。

1-2 重大危险源定义是什么？

答：重大危险源是指长期地或临时地生产、加工、搬运、使用或贮存危险物质，且危险物质的数量等于或超过临界量的单元。

参 考 文 献

[1] FOUZI R F N，AZIZ A H，YAAKUB N. Systematic review of chemical safety and chemical security risk management approach [J]. Process Safety and Environmental Protection，2024，183：676-686.

[2] 王俊强，栾兆雷．化工安全生产问题与事故防范策略 [J]．中国石油和化工标准与质量，2024，44（6）：60-62.

[3] 牛林波．化工生产技术管理措施与化工安全的相关性 [J]．工程技术研究，2024，6（2）：184-186.

[4] LUO X，FENG X Y，JI X，et al. Extraction and analysis of risk factors from Chinese chemical accident reports [J]. Chinese Journal of Chemical Engineering，2023，61：68-81.

[5] 张超，赵瑞军，高艳，等．新环境下化工安全生产管理及事故应急策略 [J]．中国石油和化工标准与质量，2024，44（5）：87-89.

[6] CUI L Y，ZHANG Y S，JIN H，et al. Safety evaluation of chemical production based on AHP-fuzzy comprehensive evaluation method [J]. IOP Conference Series：Earth and Environmental Science，2020，565（1）：012103.

[7] JIAO H，YUAN Y，YANG Z，et al. The study of safety evaluation of the management in the chemical factory based on artificial neural network [J]. IOP Conference Series：Materials Science and Engineering，2018，392（6）：062023.

[8] PIOTROWSKI T. Assessment of fire and explosion hazards in chemical installations as the element of safety reports for plants offering high or augmented risks of major industrial accidents [J]. Przemysl Chemiczny，2003，82（8/9）：1318-1321.

扩展阅读

公害事件（public nuisance events）：因环境污染造成的在短期内人群大量发病和死亡的事件。比如著名的八大公害事件。

1. 马斯河谷事件

1930 年 12 月 1 ~ 5 日，处于狭窄盆地中比利时马斯河谷工业区，发生气温逆转，工厂排出的有害气体在近地层积累，3 天后有人发病，症状表现为胸痛、咳嗽、呼吸困难等。一周内有 60 多人死亡。心脏病、肺病患者死亡率最高。

2. 多诺拉事件

1948 年 10 月 26—31 日美国宾夕法尼亚州多诺拉镇，该镇处于河谷，10 月最后一个星期大部地区受反气旋和逆温控制，加上 26—30 日持续有雾，使大气污染物在近地层积累。二氧化硫及其氧化作用的产物与大气中尘粒结合是致害因素，发病者 5911 人，占全镇总人口 43%。症状是眼痛、肢体酸乏、呕吐、腹泻。死亡 17 人。

3. 洛杉矶光化学烟雾事件

20世纪40年代初期，美国洛杉矶市全市250多万辆汽车每天消耗汽油约1600万升，大量的汽车尾气被排放到大气中，尾气中的碳氢化物和氮氧化物，经阳光照射发生光化学分解，产生活性很高的游离性离子氧，它们与空气中的氧分子结合，生成臭氧分子。臭氧分子可以将汽车尾气中的碳氢化物氧化成甲醛、丙烯醛、酮类、过氧酰基硝酸酯等化学物质，这些物质在光的照射下呈现淡蓝色，并具有强烈刺激性，可以引起人类中毒，甚至死亡。该市临海依山，处于50 km长的盆地中，汽车排出的废气在日光作用下，形成以臭氧气为主的光化学烟雾。短短两天就有400多位老人死亡，这个死亡数字比平时高3倍多。这就是世界上有名的洛杉矶光化学烟雾事件。

4. 伦敦烟雾事件

1952年12月5—8日英国伦敦市几乎全境为浓雾覆盖，4天中死亡人数较常年同期约多4000人，45岁以上的死亡最多，约为平时3倍；1岁以下死亡的，约为平时2倍。事件发生的1周中因支气管炎死亡人数的9.3倍。

5. 四日市哮喘事件

自1955年以来，日本四日市石油冶炼和工业燃油产生的废气严重污染城市空气。重金属微粒与二氧化硫形成硫酸烟雾，1961年该市居民哮喘病频发，1967年一些患者不堪忍受痛苦而自杀。1972年全市共确认哮喘病患者达817人，死亡10多人。

6. 米糠油事件

1968年3月，日本北九州市、爱知县一带生产米糠油时用多氯联苯作脱臭剂中的热载体，由于生产管理不善，混入米糠油中，食用后中毒，患病者超过1400人，至该年8月患病者超过5000人，其中16人死亡，实际受害者约13000人。

7. 水俣病事件

1953—1956年日本熊本县水俣市含甲基汞的工业废水污染水体，使水俣湾和不知火海的鱼中毒，人食毒鱼后受害，1972年日本环境厅公布：水俣湾和新县阿贺野川下游有汞中毒者283人，其中60人死亡。

8. 痛痛病事件

1955—1972年日本富山县神通川流域锌、铅冶炼工厂等排放的含镉废水污染了神通川水体，两岸居民利用河水灌溉农田，使稻米含镉，居民食含镉稻米和饮用含镉水而中毒，1963—1979年3月共有患者130人，其中死亡81人。

2 物质的性质、物化原理与安全

【导读】

本章节教学内容主要为危险化学品的分类，旨在使学生熟悉危险化学品的分类，判断不同类型危险化学品的危险特性，并结合事故案例，融入依法治国、安全第一、预防为主、严谨的工作作风、社会责任等思政要点，树立危险化学品安全意识，提高化学品安全防护意识，培养学生遵章守纪、严谨的工作态度。

【学习要求】

(1) 了解化学物质及其危险性。

(2) 深刻理解化学物质的性质和特性。

(3) 了解化学操作原理与安全。

2.1 化学物质及其危险概述

2.1.1 危险化学品分类

2.1.1.1 爆炸类化学品

爆炸类化学品指在受热、撞击等外界作用下，能发生剧烈化学反应，瞬时产生大量气体和热量，使周围压力急剧上升而发生爆炸的物品。如黑色火药（硝酸钾）、硝酸铵炸药、雷酸汞、苦味酸、硝化甘油、重氮甲烷等。图 2-1 为对硝基苯胺的化学式及爆炸品的标志。

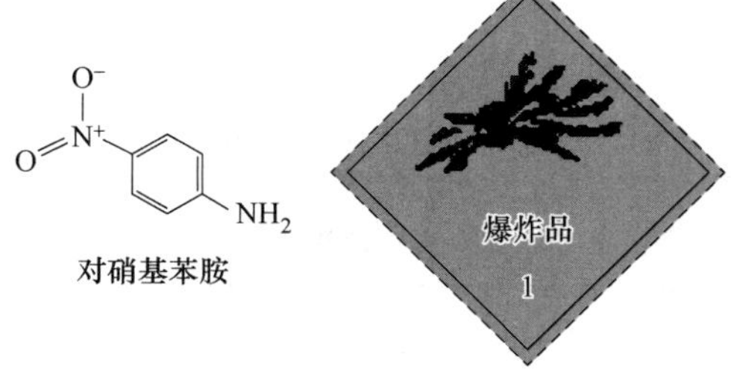

图 2-1 爆炸类化学物质及标志

（扫描书前二维码看彩图）

爆炸类化学品具有以下特性：

(1) 爆炸性。爆炸品都具有化学不稳定性，在一定的外力作用下，能以极快的速度发生猛烈的化学反应，由于产生的大量气体和热量在短时间内无法散去，从而使周围的温度迅速升高并产生巨大的压力而引起爆炸。

（2）敏感度高。爆炸品的化学组成和性质决定了它具有发生爆炸的可能性，但任何一种爆炸品的爆炸都需要外界提供给它一定的能量——起爆能。其最小起爆能即为该炸药的敏感度。

（3）殉爆性。当炸药爆炸时，能引起位于一定距离之外的炸药也发生爆炸，这种现象成为殉爆。殉爆发生的原因是冲击波的传播作用，距离越近冲击波强度越大。

2.1.1.2 压缩气体和液化气体

（1）临界温度小于等于 50 ℃、蒸气压大于 294 kPa 的压缩或液化气体。

（2）温度在 21.1 ℃和 54.4 ℃、压力分别大于 275 kPa 和 715 kPa 的压缩气体。或在 37.8 ℃、蒸气压大于 275 kPa 的液化气体或加压溶解气体。

（3）所有压缩气体都有危害性，因为它们是在高压之下，有些气体具有易燃、易爆、助燃、剧毒等性质，在受热、撞击等情况下，易引起燃烧爆炸或中毒事故。

（4）临界温度是使物质由气态变为液态的最高温度。每种物质都有一个特定的温度，在这个温度以上，无论怎样增大压强，气态物质都不会液化，这个温度就是临界温度。

（5）临界压力是在临界温度时使气体液化所需要的最小压力，也就是液体在临界温度时的饱和蒸气压。例如，氢：－240 ℃，1.29 MPa；水蒸气：374.3 ℃，22.12 MPa。

（6）压缩气体和液化气体的特性：易燃易爆性、扩散性、可缩性和膨胀性、带电性、腐蚀毒害性、窒息性等。

压缩气体和液化气体标志如图 2-2 所示。常见侧压缩气体和液化气体见表 2-1。

图 2-2 压缩气体和液化气体标志
（扫描书前二维码看彩图）

表 2-1 常见的压缩气体和液化气体

序号	品　名	分子式	危险类别
1	一氧化碳	CO	易燃、有毒
2	乙炔	C_2H_2	易燃
3	乙胺	$C_2H_5NH_2$	易燃
4	乙烷（液化的、压缩的）	C_2H_6	易燃
5	乙烯（液化的、压缩的）	C_2H_4	易燃

2.1.1.3 易燃液体

易燃液体是指易燃的液体、液体混合物或含有固体物质的液体，具有高度易燃性、易爆性、易挥发性、高度流动扩散性、易积聚电荷性、受热膨胀性、毒性、腐蚀性。如汽油、苯、乙醇、乙醚、戊醇、氯化苯。

闪燃：易燃、可燃液体（包括具有升华性质的可燃固体）表面挥发的蒸气浓度随其温度上升而增大，这些蒸气与空气形成混合气体，当蒸气达到一定浓度时，如与火源接触，就会产生一闪即灭的瞬间燃烧，这种现象称为闪燃。

闪点为在规定的试验条件下，液体发生闪燃的最低温度叫作闪点。

易燃液体按闪点可分为：

(1) 闪点低于 –18 ℃的低闪点液体。

(2) 闪点在 –18 ℃到 23 ℃之间的中闪点液体。

(3) 闪点在 23 ℃到 61 ℃之间的高闪点液体。

常见易燃液体见表 2-2。

表 2-2 常见易燃液体

序号	品名	分子式	危险类别
1	乙醚	$C_2H_5OC_2H_5$	低闪点液体
2	二乙胺	$(C_2H_5)_2NH$	
3	二硫化碳	CS_2	
4	乙苯	$C_6H_5CH_2CH_3$	中闪点液体
5	乙腈	CH_3CN	
6	乙酸乙酯	$CH_3COOC_2H_5$	
7	二甲苯	$C_6H_4(CH_3)_2$	高闪点液体
8	正丁醇	$CH_3(CH_2)_2CH_2OH$	
9	环已酮	$CO(CH_2)_4CH_2$	

2.1.1.4 易燃固体、自燃物品和遇湿易燃物品

(1) 易燃固体是指燃点低，对热、撞击、摩擦敏感，易被外部火源点燃，燃烧迅速，并可能散发出烟雾和有毒气体的固体，如红磷、硫化磷、二硝基甲苯、硝化棉、二甲基丙烷、铝粉、萘、硫黄、松香。易燃固体具有易燃性、可分解性与氧化性、毒性。

(2) 自燃物品是指自燃点低，在空气中易发生氧化反应，并放出热量且自行燃烧的物品。如黄磷、三乙基铝、三异丁基铝、油布、油纸、浸油金属屑。自燃物品具有遇空气易燃性和遇湿易燃性。

(3) 遇湿易燃物品是指遇水或受潮时，发生剧烈化学反应，并放出大量的易燃气体和热量的物品，有时不需要明火即能燃烧或爆炸。如钾、钠、锂及钾钠合金、氢化钾、硼氢化物（如五硼氢）、碳化钙、磷化钙、锌粉、保险粉（低亚硫酸钠）、氢化铝。这类物品具有遇水易燃易爆、遇酸和氧化剂易着火爆炸、腐蚀性和毒害性等特性。

易燃固体、自燃物品和遇湿易燃物品化学品标志如图 2-3 所示。

图 2-3 易燃固体、自燃物品和遇湿易燃物品化学品标志
（扫描书前二维码看彩图）

2.1.1.5 氧化剂

氧化剂是指处于高氧化态、具有强氧化性、易分解并释放出氧和热量的物质，氧化剂主要指无机过氧化物。氧化剂本身不燃烧，但由于富氧可以助燃，能够强化可燃物的燃烧，如 $KMnO_4$、$KClO_3$、$FeCl_3$、浓硫酸、HNO_3 等。

有机过氧化物指分子中含有过氧基的有机物，本身易燃、易爆、易分解，对热、振动或摩擦极为敏感。如二氯过氧化苯甲酰、过氧化二乙酰、过氧化苯甲酚、过氧化锌、过硫酸铬、亚硝酸钠、重铬酸钾、过氧乙酸、过氧化环已酮。

氧化剂、有机氧化剂类化学品标志如图 2-4 所示。

图 2-4 氧化剂、有机氧化剂类化学品标志
（扫描书前二维码看彩图）

2.1.1.6 有害物品和有毒感染性物品

有害物品和有毒感染性物品是指进入肌体并累积到一定量后能与体液或器官组织发生生物化学或生物物理学作用，扰乱或破坏肌体的正常生理功能，引起器官和系统暂时性或持久性病变，乃至危及生命的物品。如氰化钾、三氧化二砷、氯化汞、磷化锌、汞、氯乙醇、二氯甲烷、四乙基铅、丁酯、四氯化碳。

毒害品的特性如下：

（1）溶解性。很多毒害品是水溶性或脂溶性物质。毒害品在水中溶解度越大，危害性越大。

（2）易扩散性。毒害品的颗粒越细，越容易穿透包装随空气的流动而扩散，就会越容易使人中毒。

(3) 易挥发性。一些毒害品具有挥发性，而且随着温度的升高，挥发性毒物挥发越快，可使空气中的浓度增大，从而使人中毒。

有害物品和有毒感染性物品标志如图 2-5 所示。

图 2-5 有害物品和有毒感染性物品标志
(扫描书前二维码看彩图)

2.1.1.7 放射性物品

放射性物品是指放射性比活度大于 74000 Bq/kg 的物品。如能放射 β、γ 射线的钴-60，能放射 α、β、γ 射线的镭-226，能放射 α、β 射线的铀。

Ⅰ类放射源为极高危险源，无防护时，接触这类源几分钟到 1 h 可致人死亡。

Ⅱ类放射源为高危险源，无防护时，接触这类源几小时至几天可致人死亡。

Ⅲ类放射源为危险源，没有防护情况下，接触这类源几小时就可对人造成永久性损伤，接触几天至几周也可致人死亡。

Ⅳ类放射源为低危险源，基本不会对人造成永久性损伤，但对长时间、近距离接触这些放射源的人可能造成可恢复的临时性损伤。

Ⅴ类放射源为极低危险源，不会对人造成永久性损伤。

放射性物品标志如图 2-6 所示。

图 2-6 放射性物品标志
(扫描书前二维码看彩图)

2.1.1.8 腐蚀品

腐蚀品是指能灼伤人体组织、对金属等物品亦能造成损坏的固体或液体，即与皮肤接触在 4 h 内出现可见坏死现象，或温度在 55 ℃时，对 20 号钢的表面年平均腐蚀速率超过 6.25 mm 的固体或液体。

腐蚀品的特性如下：

（1）腐蚀性。腐蚀品具有很强的腐蚀性，对人体、有机物质和金属等都能造成伤害。人体接触腐蚀品后，会引起灼伤或发生破坏性创伤以至溃疡等；腐蚀品可以夺取皮革、纸张及其他一些有机物质中的水分，破坏其组织成分，甚至使之碳化。

（2）易燃性。大部分腐蚀品具有易燃性，有的还具有较强的氧化性，且有些腐蚀品遇水分解出具有腐蚀性的气体和热量，接触可燃物会引起着火，如遇高温还有爆炸危险。

（3）毒性。许多腐蚀性物品都有毒性，有的还有剧毒，如氢氟酸、五溴化磷等。

腐蚀品标志如图 2-7 所示。

图 2-7 腐蚀品标志
（扫描书前二维码看彩图）

2.1.2 化学物质的危险性

引用《欧盟物质和混合物的分类、标签和包装法规》（“The EU regulations on classification, labelling and puckaging of substarces and mixtures”，简称欧盟 CLP 法规）危险品划分法：物理危险、健康危险和环境危险。

（1）物理危险包括爆炸性危险（以二硝基苯为标准）、氧化性危险（中性、碱性及酸性氧化性物质）、易燃性危险（极度易燃性：闪点小于 0 ℃，沸点不超过 35 ℃；高度易燃性：闪点小于 21 ℃；易燃性：闪点在 21～55 ℃）。

（2）健康危险包括毒性危险（半致死剂量 LD50 表征）、腐蚀性和刺激性危险、致癌性和致变性危险。

（3）环境污染包括水污染和空气污染等。

2.1.3 化学危险物质的贮存安全

化学危险品仓库是贮存易燃、易爆等化学危险品的场所，仓库选址必须适当，建筑物必须符合规范要求，做到科学管理，确保其贮存、保管安全。

化学物质的贮存限量，由当地主管部门与公安部门规定。交通运输部门应在车站、码头等地修建专用贮存化学危险物质的仓库。贮存化学危险物质的地点及建筑结构，应根据国家有关规定设置，并充分考虑对周围居民区的影响。

2.1.3.1 爆炸性物质贮存的安全要求

爆炸性物质的贮存按我国《民用爆炸物品安全管理条例》的规定办理。

(1) 爆炸性物质必须存放在专用仓库内。

(2) 存放爆炸性物质的仓库，不得同库存放性质相抵触的爆炸物质。

(3) 一切爆炸性物质不得与酸、碱、盐类以及某些金属、氧化剂等同库贮存。

(4) 为了通风、装卸和便于出入检查，爆炸性物质堆放时，堆垛不应过高过密。

(5) 爆炸性物质仓库的温度、湿度应加强控制和调节。

化学危险品存放仓库如图 2-8 所示。

图 2-8 化学危险品存放仓库

事故案例：2020 年 8 月 4 日下午 6 时左右，黎巴嫩首都贝鲁特港口区发生巨大爆炸，爆炸接连发生两次，导致多栋房屋受损，玻璃被震碎，天上升起红色烟雾，此次爆炸造成至少 190 人死亡、6500 多人受伤，3 人失踪。

事故原因：此次爆炸主要爆炸物为硝酸铵，根据事后调查，这些硝酸铵存放在港口仓库已经长达 7 年，除此之外，仓库内除了发生爆炸的 2750 t 硝酸铵，还存放了大量的烟花和爆竹，港口仓库在事发当日进行焊接作业时，过程中点燃了易燃品或烟花爆竹，产生了一场较小的爆炸，同时不慎引爆了存放在仓库内的硝酸铵，产生了第二波更为猛烈的爆炸，这些硝酸铵产生了 1500 多吨 TNT 当量的能量。

思政要点：从以上事故中可以看出在危险化学品仓储及运输工作中存在的种种问题，因此我们要增强危化品安全意识，在安全事故防范工作中认真负责，切实做到预防为主。

2.1.3.2 压缩气体和液化气体贮存的安全要求

(1) 压缩气体和液化气体不得与其他物质共同贮存。易燃气体不得与助燃气体、剧毒气体共同贮存。易燃气体和剧毒气体不得与腐蚀性物质混合贮存。氧气不得与油脂混合贮存。

(2) 液化石油气贮罐区的安全要求。液化石油气贮罐区应布置在通风良好且远离明火或散发火花的露天地带，不宜与易燃、可燃液体贮罐同组布置。压力卧式液化气罐的纵轴不宜以对着重要建筑物、重要设备、交通要道及人员集中的场所。

(3) 贮存气瓶的仓库应为单层建筑，设置易揭开的轻质屋顶，地坪可用沥青砂浆混凝土铺设，门窗都向外开启。库温不宜超过 35 ℃，有通风降温措施。瓶库应用防火墙分隔为若厂单独分间，每一分间有安全出入口。气瓶仓库的最大贮存量应按有关规定执行。

图 2-9 所示为压缩气体和液化气贮罐、气瓶。

图 2-9　压缩气体和液化气贮罐、气瓶

2.1.3.3　易燃液体贮存的安全要求

（1）易燃液体应贮存于通风阴凉处，并与明火保持一定的距离，在一定区域内严禁烟火。

（2）沸点低于或接近夏季气温的易燃液体，应贮存于有降温设施的库房或贮罐内，盛装易燃液体的容器应保留不少于 5% 容积的空隙，夏季不可曝晒。

（3）闪点较低的易燃液体，应注意控制库温。气温较低时容易凝结成块的易燃液体受冻后易使容器胀裂，故应注意防冻。

（4）易燃、可燃液体贮罐分地上、半地上和地下三种类型。地上贮罐不应与地下或半地下贮罐布置在同一贮罐组内。贮罐组内贮罐的布置不应超过两排。在地上和半地下的易燃、可燃液体贮罐的四周应设置防火堤。

图 2-10 所示为易燃液体贮罐。

2.1.3.4　易燃固体贮存的安全要求

（1）贮存易燃固体的仓库应阴凉、干燥，要有隔热措施，忌阳光照射，易挥发、易燃固体应密封堆放，仓库应严格防潮。

（2）易燃固体多属于还原剂，应与氧和氧化剂分开贮存。有很多易燃固体有毒，故贮存中应注意防毒。

图 2-10 易燃液体贮罐

图 2-11 所示为易燃固体贮罐。

图 2-11 易燃固体贮罐

2.1.3.5 自燃物质贮存的安全要求

（1）自燃物质不能与易燃液体、易燃固体、遇水燃烧物质混放贮存，也不能与腐蚀性物质混放贮存。

（2）自燃物质在贮存中，对温度、湿度的要求比较严格，必须贮存于阴凉、通风干燥的仓库中，并注意做好防火、防毒工作。

图 2-12 所示为自燃物质贮罐。

2.1.3.6 遇水燃烧物质贮存的安全要求

（1）遇水燃烧物质的贮存应选用地势较高的地方，在夏季暴雨天气保证不进水，堆垛时要用干燥的枕木或垫板。

（2）贮存遇水燃烧物质的库房应干燥，应严防雨雪的侵袭。库房的门窗可以密封。库房的相对湿度一般保持在 75% 以下，最高不超过 80%。

（3）钾、钠等应贮存于不含水分的矿物油或石蜡油中。

图 2-12 自燃物质贮罐

图 2-13 所示为遇水燃烧物质贮罐。

图 2-13 遇水燃烧物质贮罐

2.1.3.7 氧化剂贮存的安全要求

（1）一级无机氧化剂与有机氧化剂不能混放贮存，不能与其他弱氧化剂混放贮存，不能与压缩气体、液化气体混放贮存。氧化剂与有毒物质不得混放贮存。

（2）贮存氧化剂应严格控制温度、湿度。可以采取整库密封、分垛密封与自然通风相结合的方法。

一级氧化物是碱金属或碱土金属的过氧化物和盐类，如过氧化钠、高氯酸钠、硝酸钠、高锰酸钾等。除了一级氧化物外的所有无机氧化剂均为二级氧化性物质，如亚硝酸钠、亚氯酸钠、连二硫酸钠、重铬酸钠、氧化银等。

氧化剂标志如图 2-14 所示。

2.1.3.8 有毒物质贮存的安全要求

（1）有毒物质应贮存在阴凉通风的干燥场所，要避免露天存放，不能与酸类物质接触。

图 2-14　氧化剂标志
（扫描书前二维码看彩图）

（2）严禁与食品同存一库。

（3）包装封口必须严密，无论是瓶装、盒装、箱装或其他包装，外面均应贴（印）有明显名称和标志。

有毒品标志如图 2-15 所示。

图 2-15　有毒品标志

2.1.3.9　腐蚀性物质贮存的安全要求

（1）腐蚀性物质均须贮存在冬暖夏凉的库房里，保持通风、干燥，防潮、防热。

（2）腐蚀性物质不能与易燃物质混合贮存，可用墙分隔同库贮存不同的腐蚀性物质。

（3）采用相应的耐腐蚀容器盛装腐蚀性物质，且包装封口要严密。

腐蚀品标志如图 2-16 所示。

图 2-16　腐蚀品标志
（扫描书前二维码看彩图）

2.2 易燃物质的性质和特征

2.2.1 易燃物质的性质

易燃物质的性质包括闪点、着火点、自燃温度、蒸气相对密度、熔点、沸点、分子式、爆炸范围、蒸发潜热、燃烧热（25 ℃）。

（1）闪点：易挥发可燃物质表面形成的蒸气和空气的混合物遇火燃烧的最低温度。

（2）着火点：指蒸气和空气的混合物在开口容器中可以点燃并持续燃烧的最低温度，着火点一般高于闪点。

（3）自燃温度：指物质无火源自动起火并持续燃烧的温度。这个量值受加热表面的大小、形状、加热速率以及其他因素的影响。

（4）蒸气相对密度代表的是蒸气密度与空气密度之比，绝大多数是易燃液体的蒸气比空气重。

（5）熔点为固液两相平衡共存的温度。

（6）沸点一般是指常压沸点，定义为一个大气压下气液平衡共存的温度。沸点可表征物质的挥发性，是易燃液体所包含的火险的直接量度。

（7）分子式：在缺少物性信息的情况下，物质的分子式可以提供物质火险的线索。例如，组成只有碳和氢的烃类物质是可燃的，甚至是易燃的。如果是低沸点烃类，即可认为具有火险。

（8）爆炸范围：爆炸范围也称为爆炸极限或燃烧极限，用可燃蒸气或气体在空气中的体积分数表示，是可燃蒸气或气体与空气的混合物遇引爆源引爆即能发生爆炸或燃烧的浓度范围。上述浓度范围用爆炸下限和爆炸上限来表示。可燃气体爆炸范围一般是在常温、常压下测定的。

（9）蒸发潜热定义为单位质量的液体完全汽化所需要的热量。蒸发潜热随温度而变，文献中给出的一般是常压沸点的值。

（10）燃烧热是指单位质量的物质在 25 ℃的氧中燃烧释放出的热量。燃烧产物，包括水，都假定为气态。

2.2.2 易燃物质的类别和火险等级

（1）全美消防协会把易燃物质划分为以下 5 个类别：

“0”：不能燃烧的物质。

“1”：必须预热方能引燃的物质。

“2”：必须适度加热或暴露在相当高的环境温度中方能引燃的物质。

“3”：在任意环境温度下都能引燃的液体和固体。

“4”：在常温大气压下能够迅速或完全汽化，或容易分散到空气中，并且容易燃烧的物质。

（2）美国科学院把易燃物质的火险划分为以下 5 个等级：

“0”：无危险。

“1”：闪点在 60 ℃以上。

“2”：闪点在 38 ℃到 60 ℃之间。

“3”：闪点在 38 ℃以下，而沸点在 38 ℃以上。

“4”：闪点在 38 ℃以下，沸点在 38 ℃以下。

2.2.3 物质易燃性评估

（1）评估气体的易燃性需要测定气体在空气中的燃烧极限、最大爆炸压力、自燃温度、爆炸混合物的类别、与基于水的灭火剂反应的类型、最小发火能、表示爆炸性危险的氧含量、完全燃烧的速率、最大安全（火焰熄灭）距离或直径。可依据以上气体物性数据对气体易燃性作出评估。

（2）评估可燃液体的易燃性需要测定蒸气的闪点、着火点、桶装灭火剂的最小灭火浓度、燃烧速率以及燃烧过程中的温升速率。

（3）评估可燃固体的易燃性需要测定其可燃性类别、着火点及自燃温度、与基于水的灭火剂反应的类型。对于疏松的、纤维状或块状的固体，还需要测定其自热温度、不完全燃烧温度和自燃温度。如果固体是粉状的，容易形成粉尘云，则另需测定的参数有燃烧低限、最大爆炸压力、空气中粉尘爆炸所需的最小能量，以及表示爆炸性危险的最小氧含量。

2.3 毒性物质的性质和特征

2.3.1 毒性物质的类别

毒性物质的类别（美国标准协会定义）分为粉尘、烟尘、烟雾、蒸气、气体。

（1）粉尘。岩石、矿石、金属、煤、木材、谷物等有机或无机物质加工、粉碎、研磨、撞击、爆破和爆裂时产生的固体粒子，粒径小于等于 75 μm。

（2）烟尘。熔融金属等挥发气态物质冷凝产生固体粒子，常伴化学反应（如氧化）。

（3）烟雾。气体冷凝液体，或溅落、鼓泡、雾化等使液体分散产生悬浮液滴。

（4）蒸气。固态或液态物质的气体。

（5）气体。临界点以上充满封闭空间的无定形流体。

2.3.2 毒性物质的临界限度和致死剂量

化工毒性涉及进入人体某个部位的物质的作用，几乎所有物质与皮肤直接作用都能造成伤害，伤害的程度与毒性物质的有效剂量直接相关。

2.3.2.1 临界限度

（1）临界限度表示的是所有工人日复一日地重复暴露而不会受到危险的最高浓度。临界限度值是指一个标准工作日的时间加权平均浓度。

（2）气体和蒸气的浓度由百万分数表示，烟尘、烟雾和某些粉尘的浓度由 mg/m^3 表示，另外一些粉尘的浓度由每立方厘米空气中所含粉尘的纤维数表示。

（3）对临界浓度的正确认识：

1）临界限度数据大多是以推测、判断或实验室有限的动物试验数据为基础的，几乎没有多少数据是建立在以人为对象，并联系足够的环境观测严格考察的基础上。

2）对于一切工作环境，有毒有害物质的浓度在整个工作日中很少保持恒定，产生波动是经常的。

3）化工暴露往往是混合物而不是单一的化合物，而对于混合物的毒性作用，人们还知之甚少。

4）不同个体对毒性物质的敏感性截然不同，不能假定对某个人是安全的条件对所有的人都安全。

5）对于以不同溶解度的盐或化合物、以不同物态的形式存在的物质，给出的往往是单一的临界限度值。

2.3.2.2 致死剂量

(1) 致死剂量现由工业性试验所得。最小致死剂量为一组试验动物中一个致死的单位体重的毒物量，半致死剂量 LD_{50} 为一组试验动物中一半致死剂量。

(2) 毒性物质的毒性分为5个等级："U"代表未知、"0"代表无毒性、"1"代表轻度毒性、"2"代表中度毒性、"3"代表重度毒性。

(3) 美国科学院根据物质的半致死剂量 LD_{50} 把毒性物质危险划分为5个等级："0"代表无毒性，$LD_{50} > 15$ g/kg。"1"代表实际无毒性，5 g/kg $< LD_{50} <$ 15 g/kg。"2"代表轻度毒性，0.5 g/kg $< LD_{50} <$ 5 g/kg。"3"代表中度毒性，50 mg/kg $< LD_{50} <$ 500 mg/kg。"4"代表毒性，$LD_{50} <$ 50 mg/kg。

2.4 反应物质的性质和特征

2.4.1 化学物质的反应性质

化学物质的反应性质包括自燃性质、过氧化性质和水敏性质。

自燃性质化学物质包括：

(1) 粉状金属：钙、钛等。

(2) 金属氢化物：氢化钾、氢化锗等。

(3) 部分或完全烷基化的金属氢化物：氢化三乙基铝等。

(4) 烷基金属衍生物：二乙基乙氧基铝等。

(5) 非金属的类似衍生物：乙硼烷、三乙基钾等。

(6) 金属羰基化合物：五羰基铁、八羰基二钴等。

过氧化性质化学物质包括：

(1) 在醚、环醚中的O—C—H。

(2) 在异丙基化合物、十氢萘中的 $(CH_2)_2C—H$。

(3) 在烯丙基化合物中 C═C—C—H。

(4) 在乙烯基化合物中的 C═C—H。

(5) 在异丙基苯、四氢萘、苯乙烯中的C—CH—Ar。

水敏性质（与有限量水剧烈反应）化学物质包括：

(1) 碱金属和碱土金属（钾、钙等）。

(2) 无水金属卤化物（三溴化铝、四氯化储等）。
(3) 无水金属氧化物（氧化钙等）。
(4) 非金属卤化物（三溴化硼、五氯化磷等）。
(5) 非金属卤化氧化物。
(6) 非金属氧化物（酸酐、三氧化硫等）。

2.4.2 反应物质不稳定性结构因素

大量化工事故案例表明，经常引起化工事故的是一些相同的或类似的物质结构因素。表 2-3 为表征潜在不稳定性的结构基因。

表 2-3 表征潜在不稳定性的结构基因

结构基团	物　质	结构基团	物　质
—C≡C—金属	乙炔金属化合物	—O—X	次石（岩）盐
≡N—O—	胺（氨）氧化物	—O—NO_2	硝酸盐
—N═N═N—	叠氮化合物	—O—NO	亚硝酸盐
—ClO_3	氯酸盐	—NO_2	硝基化合物
—N═N—	重氮化合物	—NO	亚硝基化合物
—N≡NX	重氮卤代物	—OOO—	臭氧化合物

2.4.3 反应物质的氧差额

(1) 氧差额是指系统的氧含量与系统中的碳、氢和其他可氧化元素完全氧化所需的氧量之间的差值。系统缺氧，氧差额为负。系统剩余氧，氧差额为正。
(2) 氧化反应系统中应设计操作使负的氧差额保持最大值（绝对值）减少潜能释放。
(3) 氧差额的意义：用于判断化合物爆炸性分解的潜在可能性。
(4) 如果化合物的氧含量没有达到使其他元素呈最高价态所需要的量，该化合物的稳定性就值得注意：

1) 对负氧差额的化合物，氧化剂的存在会减少负的氧差额。如过氧乙酸：

$$C_2H_4O_3 + 3O \longrightarrow 2CO_2 + 2H_2O$$

2) 对于零氧差额的化合物，潜能的释放量最大。如过甲酸：

$$CH_2O_3 \longrightarrow CO_2 + H_2O$$

3) 对于正氧差额的化合物，燃料或还原剂的存在会增加潜能的释放。如硝酸铵：

$$H_4N_2O_3 \longrightarrow 2H_2O + N_2 + O$$

2.5 压力系统热力学行为与危险性

2.5.1 温度对蒸气压的影响

2.5.1.1 蒸气压关系式

(1) 物质的蒸气压几乎与总压力无关，纯物质蒸气压与温度的近似关系式：

$$\ln p = \frac{A}{T} + B \quad (2\text{-}1)$$

式中，A 和 B 为特征参数；p 为物质的蒸气压，kPa；T 为温度，℃。

（2）物质的蒸气压随温度的增加而增加，蒸气混合物的总压等于各组分分压之和：

$$p = \sum p_i \quad (2\text{-}2)$$

（3）理想气体混合物，组元 i 的分压与其摩尔分数 y_i 成正比：

$$p_i = y_i p \quad (2\text{-}3)$$

（4）理想气液系统，组元 i 的分压与其液相摩尔分数 x_i 有关：

$$p_i = p_i^s x_i \quad (2\text{-}4)$$

式中，p_i^s 为在溶液温度下纯组分 i 的饱和蒸气压。

空气中污染组元的浓度与其饱和蒸气压成正比，并且随温度的增加而增加。换言之，任何易燃或毒性物质暴露在空气中时，达到的平衡浓度与其饱和蒸气压成正比。

2.5.1.2　空气中易燃蒸气的产生

由于环境温度变化较大，可能会出现闪点被超过的情形，如在世界较热地区运输和应用易燃溶剂（甲醇），在冬季用明火烘烤柴油桶使柴油熔化，试图热切割开一个曾装有易燃脂蜡状固体的圆桶。

2.5.1.3　空气中毒性蒸气过高浓度的产生

空气中污染组元的浓度与其饱和蒸气压成正比，并且随温度的增加而增加。

如汞，环境温度升高 10 ℃左右，汞的蒸气压增加一倍。在通常室温下，如果通风不充分，工作环境中空气中汞蒸气的浓度可达 1 mg/m^3，而目前汞的时间加权职业暴露极限即临界限度值为 0.05 mg/m^3。

2.5.1.4　不同情形的过压问题

压力容器如果不配有压力释放系统，常因过压问题引起罐体的破裂，造成过压问题的原因各式各样，如超常吸热引起的过压、化学反应引起的过压、故障或失误引起的过压。

2.5.2　相变引起的体积变化

相变引起的体积变化：蒸气“爆炸”引起物料喷射，少量易燃或毒性液体在有限空间内气化、蒸气冷凝或被其他液体吸收引起的内爆。图 2-17 表示了溴发生相变时的体积变化。

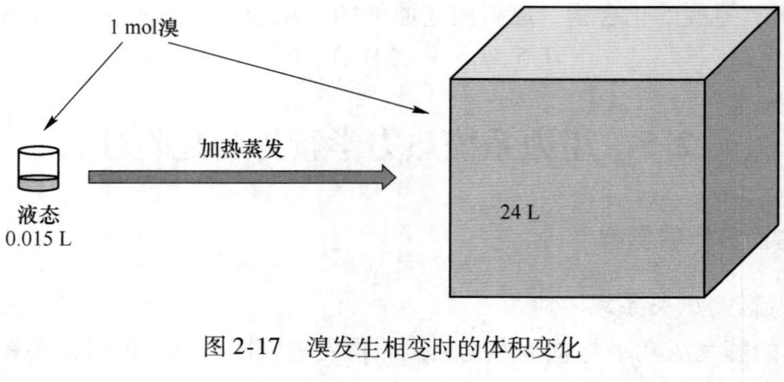

图 2-17　溴发生相变时的体积变化

（1）蒸气“爆炸”引起物料喷射。热油罐高温操作，罐底水蒸发成油泡沫，“过沸”强烈使油品外喷。熔融金属与含水潮气混合产生“蒸气爆炸”。

（2）少量易燃或毒性液体在有限空间内气化。毒性液体蒸发体积变化形成毒性气体，危害健康，如汞挥发。毒性液体蒸发体积变化见表2-4。

（3）蒸气冷凝或被其他液体吸收引起的内爆。充蒸气无真空释放阀的釜，误操作喷入冷水蒸气速冷凝形成内真空，釜体被外大气压力压扁。

表2-4 毒性液体蒸发体积变化

化 合 物	液体体积/m^3	净蒸气体积/m^3	毒性气氛空气体积/m^3
液氨	1	1.2×10^3	4.9×10^6
二氧化硫	1	5.0×10^2	1.0×10^8
液氯	1	4.7×10^2	4.7×10^8
四氯化碳	1	2.3×10^2	2.3×10^7
溴	1	4.4×10^2	4.4×10^9

2.5.3 不同物质蒸气和液体的密度

2.5.3.1 气体或蒸气的密度差异

（1）密度比空气大的蒸气倾向于在低位区扩散和聚集，形成燃烧和爆炸危险、毒性危险或局部区域的缺氧。

（2）在环境温度下密度比空气小的蒸气当其冷却时仍在低位区扩散。

（3）密度比空气小的气体在装置或通风不良的建筑物的高位区聚集。

（4）热气由于“热推举”而上升，一般会扩散至大气。

2.5.3.2 液体的密度差异

（1）非互溶液体在加工和贮存装置中分层。

（2）密度较小的液体分布或聚集在较重液体之上。

（3）两种非互溶液体混合时会有各自独立的特征蒸气压，总压力为两种液体的蒸气压之和，而混合物的沸点一般要远在两个纯组元沸点之下。

2.6 化学反应系统物化原理与安全

2.6.1 化学反应动力学

（1）表达温度对反应速率的影响：

$$k = A\exp\left(-\frac{E}{RT}\right) \tag{2-5}$$

式中，k 为速率常数；R 为摩尔气体常量；T 为热力学温度；E 为表观活化能；A 为指前因子（也称频率因子）。

反应速率随温度呈指数增加，不充分的温度控制常是放热反应（如聚合、分解等）失控的主要因素，如硫酸加入2-氰基-2-丙醇而无充分的冷却措施会形成爆炸分解。

（2）浓度对反应速率的影响，恒容均相反应的速率为：

$$r = kC_A^a C_B^b \tag{2-6}$$

式中，a、b 分别为组分 A 和 B 的系数。

各反应物的浓度直接影响着反应速率和放热速率，不要用太浓的反应物溶液，在许多制备过程中，在溶解度和其他条件允许下，浓度一般采用10%左右，但当应用已知会发生剧烈作用的反应物时，5%或2%可能是更合适的浓度。

（3）一些特殊的反应。

1）普通反应：速率随温度升高而迅速增加。

2）某些非均相反应：速率被相间扩散阻力所控制，速率随温度升高缓慢增加。

3）爆炸反应：在着火点速率剧增。

4）催化反应：反应速率被吸附速率所控制，而吸附量随温度升高而减少。

5）升温加剧复杂化反应：由于随温度升高副反应加剧而复杂化。

6）低温平衡转化反应：低温有利于平衡转化，速率有赖于平衡移动，速率随温度升高而减小。

2.6.2 反应物质的非互容性质

许多化学物质彼此互不相容，它们必须在严格控制的条件下接触，否则会生成剧毒物质或发生强烈化学反应，甚至引起爆炸。

（1）毒性危险。非互容物质A类与B类物质必须完全隔绝，否则生成C类毒性物质，见表2-5。

（2）反应危险。非互容物质A类和B类物质无控制条件下接触发生剧烈反应，见表2-6。

（3）水敏性危险。化学物质接触水危险，如钾和碳化钙接触水产生易燃气体。

表2-5 非互容物质的毒性危险

A	B	C	A	B	C
含砷物质	任何还原剂	砷化氢	亚硝酸盐	酸	亚硝酸烟雾
叠氮化物	酸	叠氮化氢	磷	苛性碱或还原剂	磷化氢
氯化物	酸	氢氟酸	硒化物	还原剂	砷化氢
次氯酸盐	酸	氯或次氯酸	硫化物	酸	硫化氢
硝酸盐	硫酸	二氧化氮	碲化物	还原剂	碲化氢

表2-6 有反应危险的非相互容物质

A	B
醋酸	铬酸、硝酸、含羟基化合物、乙二醇、高氯酸、过氧化物、高锰酸盐
丙酮	浓硝酸和硫酸混合物
乙炔	氟气、氯气、溴、铜、银、汞
碱金属和碱土金属	二氧化碳、四氯化碳、烃氯代衍生物

2.6.3 化学反应类型及其危险性

（1）燃烧反应。

1）固体、液体或气体燃料氧化产生热量，燃烧反应速率快但可控制；

2）燃烧反应点火时应注意物质的爆炸或燃烧极限；

3）燃烧速率由温度、氧化剂、燃料加入量控制。

（2）氧化反应。

1）与燃烧的差别在于反应受到控制，最终产物不一定是 CO_2 和 H_2O（甲醇氧化）；

2）氧化反应是强放热反应；

3）常采用较低的反应物浓度或较低的反应温度；

4）应特别注意的强氧化剂：高锰酸盐、次氯酸及其盐、亚氯酸钠、二氧化氯、所有的氯酸盐、所有的过氧化物、硝酸、四氧化氮、臭氧等。

（3）中和反应。

1）放热反应；

2）注意加料速度，低浓度易控制；

3）危险性较低。

（4）电解反应。

1）电解反应本身不存在反应危险；

2）存在包括高电流强度、氰化物毒性、可燃气体和高氧化态产物生成的爆炸危险。

（5）复分解反应。反应热较低，危险性小。

（6）煅烧反应。反应为吸热反应，极少危险。

（7）硝化反应。

1）常伴有不需要的氧化反应，皆为强放热过程；

2）硝化试剂是强氧化剂，硝化产物常具爆炸性，故危险性大；

3）须严格控制硝化反应温度与反应物浓度。

（8）酯化反应。一般酯化反应的速率都较慢，较少危险性。

（9）还原反应。还原反应无反应危险。

（10）氨化反应。氨化反应的反应危险性小，注意毒性。

（11）卤化反应。卤化反应的危险性大，是强放热反应，爆炸范围宽并且卤素具腐蚀性。

（12）磺化反应。

1）反应易受控制，危险性小；

2）注意磺化试剂的氧化性和腐蚀性。

（13）水解反应。

1）无机水解反应需移走反应热以控制反应温度；

2）大多数有机水解反应缓慢，无反应危险。

（14）加氢反应。

1）放热反应，常需应用催化剂加速反应，一般易受控制；

2）危险性主要在于高压氢的应用。

（15）烷基化反应。

1）一般中等放热，反应速率较慢，无反应危险；

2）危险主要在于其强腐蚀性的催化剂，如氢氟酸、浓硫酸等。

（16）缩合反应。

1）放热反应，当反应物质黏度过大时搅拌及反应热的移出均较困难，可能酿成火险；

2）一般分步进行，可控制。

（17）聚合反应。反应迅速剧烈，常需注入阻聚剂中止或减缓反应。

2.7 化工操作原理与安全

2.7.1 化学反应与热量传递

（1）几乎所有的化学转化都离不开热量传递。

（2）化学转化通过控制热交换来控制和调节反应过程。

（3）热量移出热应和其生成速率平衡。

事故常见原因是放热反应的热生成速率与温度符合指数定律，而热传递速率则与冷却介质与物料间的温差成线性关系。

2.7.2 相平衡与组元分离

2.7.2.1 蒸馏

（1）蒸馏是一种热力学的分离工艺，它利用混合液体或液-固体系中各组分沸点不同，使低沸点组分蒸发，再冷凝以分离整个组分的单元操作过程，是蒸发和冷凝两种单元操作的联合。

（2）与萃取、过滤结晶等其他分离手段相比，它的优点在于不需使用系统组分以外的其他溶剂，从而保证不会引入新的杂质。

（3）在蒸馏过程中，易燃液体的组分不断变化，闪点不固定，易燃液体的蒸馏操作本身就有固有危险。

（4）蒸馏塔釜容有大量的沸腾液体，塔身和冷凝器则需要有数倍沸腾液体的容量。

（5）蒸馏塔需配置真空或压力释放设施，避免冷水或污垢进塔（内爆）。

蒸馏过程如图2-18所示。

2.7.2.2 吸收

（1）吸收是指气体混合物在溶剂中选择溶解，实现气体混合物组元的分离。比如，在污染气体控制中，对于少量的气体的断续排放，可用插入容器中液体的喷管简单鼓泡完成吸收。在吸收过程中，需要监测溶剂的补充和溢流，以及防止气体回吸，容器中的液面应自动控制和易于检查，对于毒性气体，必须有低液位报警。

（2）吸收操作需要做以下安全考虑：

1）控制溶剂的容量和组成，如洗涤酸气时溶液中碱的浓度；

2）在设计限度内控制入口气流，检测其组成；

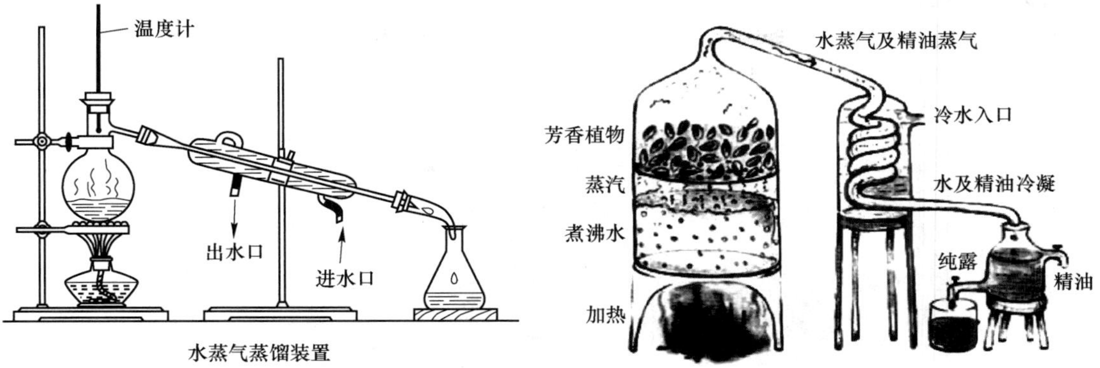

图 2-18 蒸馏

3）控制出口气的组成；

4）选择合适的结构材料；

5）在进口气流速、组成、温度和压力的设计条件下操作；

6）避免潮气转移至出口气流中。

吸收过程如图 2-19 所示。

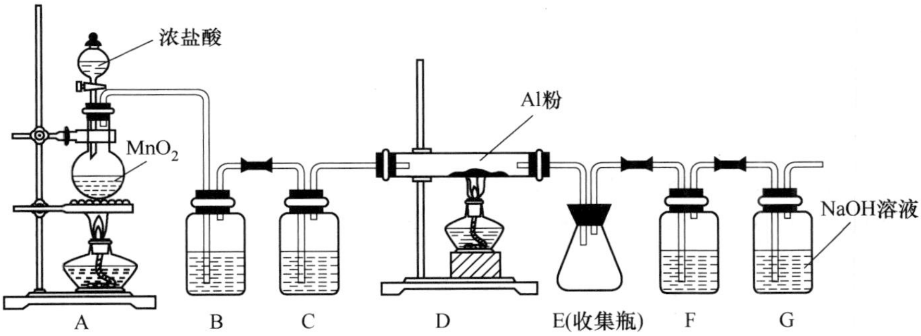

图 2-19 吸收过程

2.7.2.3 液-液萃取

（1）液-液萃取是指在液体混合物中加入与其不相混溶（或稍相混溶）的溶剂，利用其组分在溶剂中的不同溶解度而达到分离或提取目的。例如用苯作为溶剂从煤焦油中分离酚，用异丙醚作为溶剂从稀乙酸溶液中回收乙酸等。

（2）液-液萃取需注意以下几点：

1）注意稀释剂或萃取剂的易燃性；

2）注意消除静电的措施；

3）溶质和溶剂的回收一般采用蒸馏或蒸发操作，所以萃取全过程包含这些操作所具有的危险。

2.7.2.4 结晶

（1）结晶使用的结晶器一般为配有简单搅拌的容器，用来从饱和溶液或稍微过饱和的溶液生成控制粒度的晶体。

（2）除去与物质本身有关的危险外，这个单元过程极少危险性。

图 2-20 所示为结晶过程。

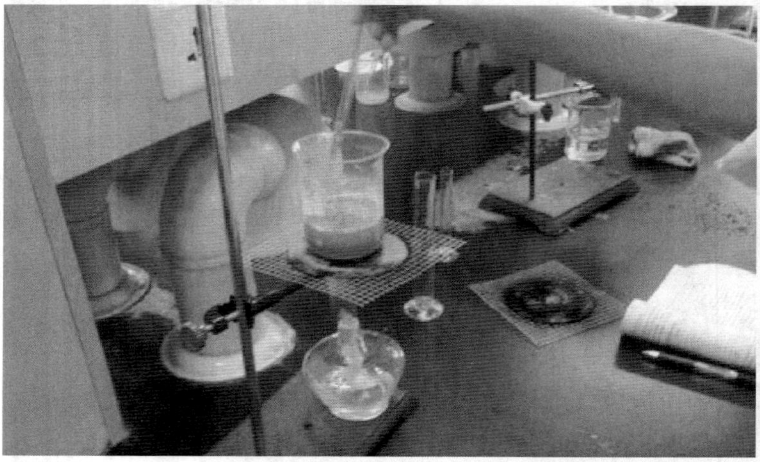

图 2-20 结晶过程

2.7.3 相混合和相分离

2.7.3.1 混合

（1）液液混合。

1）一般在有电动搅拌的、敞开或封闭的容器中进行；

2）应依据液体的黏度和所进行的过程（如分散、反应、除热、溶解或多个过程的组合）设计搅拌；

3）需有仪表测量和报警装置；

4）装料时就应开启搅拌，避免反应物分层或偶尔结块；

5）在设计中应充分估计到失误，如机械、电器和动力故障的影响以及与过程有关的危险。

（2）气液混合。

1）气入液时，注意液体的易燃性，形成易燃蒸汽-空气混合物；

2）液入气时，可能形成毒性或易燃性悬浮颗粒。

（3）固液混合。考虑固体在器壁的结垢和对出口管线的堵塞。

（4）固固混合。

1）最突出的是机械危险；

2）如果固体是可燃的，可以采用在惰性气氛中操作；

3）还要特别注意静电的产生或轴承的过热等。

（5）气气混合。易燃混合物和爆炸混合物需要防止混合爆炸危险。

2.7.3.2 蒸发

蒸发封闭系统装置应该安装压力或真空释放阀，操作区内应该有防火设施。热交换器和蒸发器容易结垢，垢层应该定期清除。

蒸发流程及系统装置如图 2-21 所示。

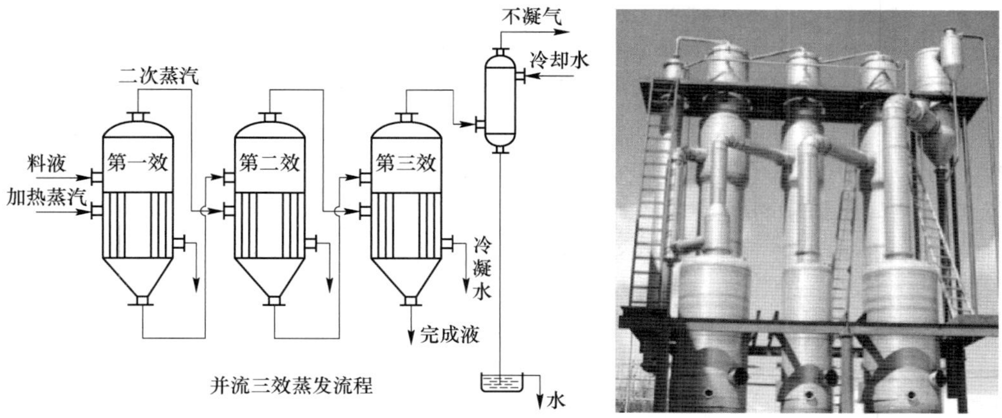

图 2-21　蒸发流程及系统装置

2.7.3.3　干燥

（1）具有爆燃爆炸性物质不宜使用普通目的的干燥器。

（2）加热时放热分解并能释放出大量气体的物质适用于真空或惰性气氛下的干燥。

（3）在空气中加热发生放热氧化的物质的干燥一般是安全的。

（4）在空气中加热既不放热分解又不放热氧化的物质只有当其含有易燃溶剂或明火直接加热时才具有危险。

2.7.3.4　过滤和离心

过滤、离心、沉淀等充分认识操作中的固有危险，如固体可能的毒性或可燃性以及易燃溶剂的应用，应该避免火灾和对毒性物质的过分暴露等。

干燥过程如图 2-22 所示。

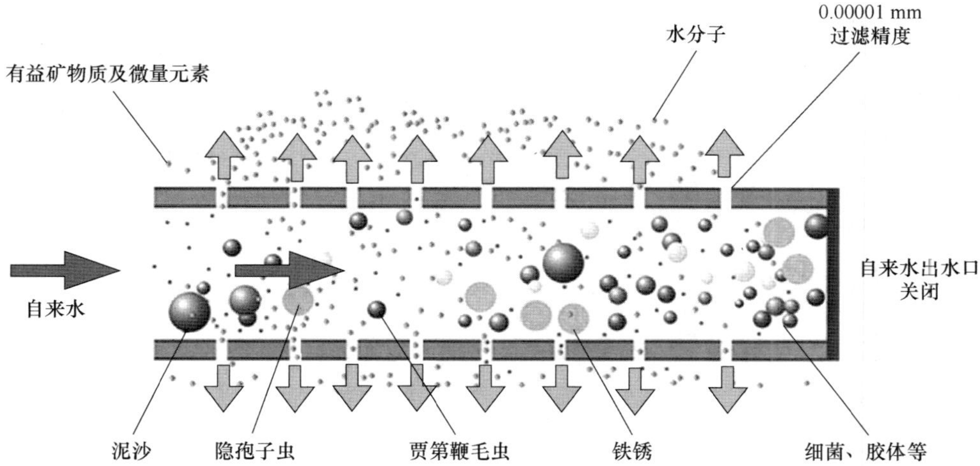

图 2-22　干燥过程

（扫描书前二维码看彩图）

2.7.4 物料输送

在化工生产中，需要把各种原材料、中间体、产物、副产物或废弃物从一道工序输送至另一道工序，从一个车间输送至另一个车间，或输送至储运地点。物料输送是化工行业最普通的操作手段。物料的相态和形态不同，输送的设备和方法也各不相同。无论采用何种设备和方法输送物料，运行安全都是极为重要的，否则，一处故障可能会危及整个生产的全局。化工物料输送主要包括固态、液态、气态输送。

2.7.4.1 固体物料的输送

固体物料使用皮带、刮板、链斗、螺旋等输送设备连续往返运转，连续加料，连续卸载。传动部分包括皮带、齿轮、联轴器。图 2-23 为刮板输送机结构。

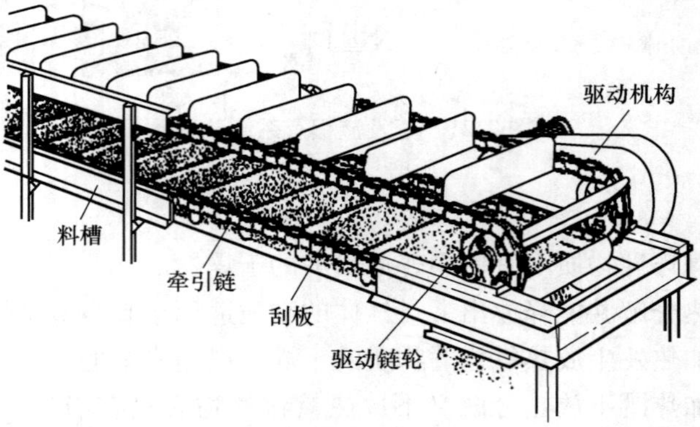

图 2-23 刮板输送机结构

A 皮带传动

(1) 应根据输送物料的性质、负荷情况、运转速度及传动功率大小合理选择皮带，要有足够的强度。

(2) 皮带胶接应平滑，并要根据负荷调整松紧度。

(3) 防止在运行过程中，因高温物料烧坏皮带或因斜偏刮挡撕裂皮带的事故发生。

(4) 皮带同皮带轮接触的部位，对于操作者是极其危险的部位，可造成断肢伤害甚至危及生命安全，应安装防护罩，因检修拆卸下的防护罩，事后应立即恢复。

图 2-24 所示为皮带传动部分。

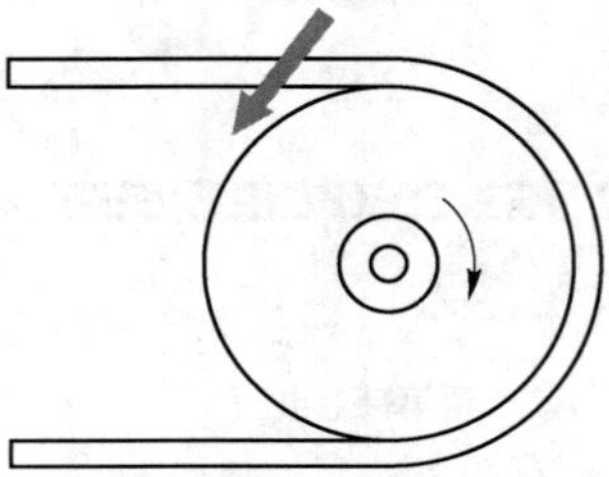

图 2-24 皮带传动部分

B 齿轮传动

(1) 在齿轮传动中，对于斗式提升机应有因链带拉断坠落的防护装置。

(2) 对于链斗输送，还应注意下料器的操作，防止下料过多、料面过高造成链带拉断，另一方面还要注意下料器摇把反转伤人。

(3) 对于螺旋输送器，要注意螺旋导叶与壳体间隙、物料粒度和混入杂物，以防止挤坏螺旋导叶与壳体。

(4) 在齿轮传动中，齿轮与齿轮、齿条、链带相啮合的部位也是极其危险的。该处连同它的端面均应采取防护措施，防止发生重大人身伤亡事故。齿轮传动如图 2-25 所示。

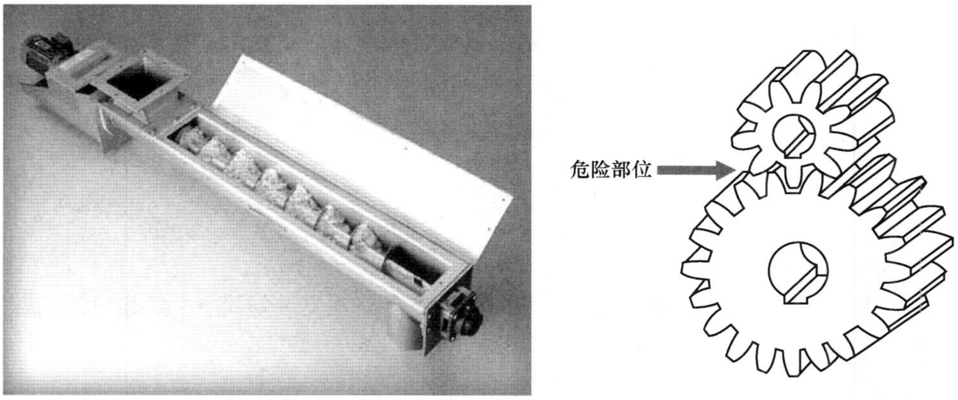

图 2-25 齿轮传动

C 轴、联轴节、联轴器、键及固定螺钉

(1) 表面光滑程度有限、有凸起，特别是固定螺钉不准超长，否则在高速旋转中易刮到人。

(2) 要安装防护罩，并不得随意拆卸。

图 2-26 所示为螺钉。

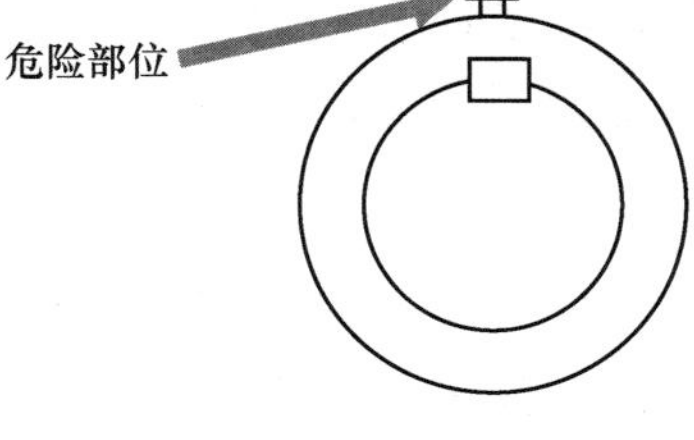

图 2-26 螺钉

D 输送设备的开、停车

(1) 自动开停、手动开停系统有事故自动停车、就地手动事故按钮。

(2) 停车系统超负荷、超行程停车装置。

(3) 紧急事故停车开关设在操作者经常停留点。图 2-27 所示为紧急停车按钮箱。

(4) 停车检修，开关应上锁或撤掉电源。

(5) 对于长距离输送系统，应安装开停车联系信号以及给料、输送、中转系统的自动联锁装置或程序控制系统。

图2-27 紧急停车按钮箱

E 输送设备日常维护

润滑、加油和清扫工作是操作者致伤的主要机会，要安装自动注油和清扫装置，否则应一律停车处理。

F 气力输送（风力输送）气流动力

气力输送（风力输送）气流动力物料，输送包括吸送式系统和压送式系统。

(1) 吸送式系统分为低压吸送系统和真空吸送系统，后者包括高真空（真空度：$3\times10^4\sim5\times10^4$ Pa）和低真空（真空度：$8\times10^4\sim9\times10^4$ Pa）系统。真空输送系统具有输送量大、动力消耗小、防尘效果好、系统紧凑、工作可靠和磨损小等优点，宜于输送干燥、松散、流动性好的粉状物料。

(2) 压送式系统一般低压输送，其压力在0.2 MPa以下，而高压输送，其压力为2～7 MPa（加料器结构复杂，且加料装置需有一定的高度，适宜于长距离输送）。优点：密封性好、物料损失少、构造简单、操作简便、易实现自动化且输送距离远。缺点：能量消耗和管道磨损大，不适于输送湿度大、易黏结的物料。

图2-28所示为气力输送图。

2.7.4.2 液态物料的输送

液体物料的输送主要工具是泵，包括往复泵、离心泵、旋转泵、流体作用泵。

A 往复泵

(1) 蒸汽往复泵：蒸汽动力，无火花，易燃液体。

(2) 隔膜往复泵：橡胶塞隔开，酸性和悬浮液。

(3) 往复泵的注意事项：

1) 开动前，检查机器，观察活塞、缸套、吸液管上的垫片是否适合法兰大小，加润滑油；

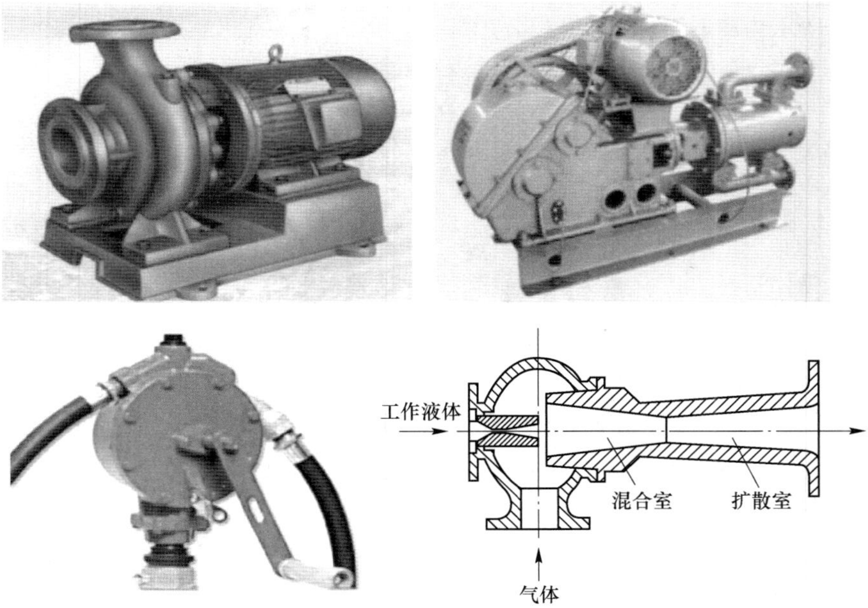

图 2-28 气力输送装置及示意图

2）开车时，将泵体内壳充满水，排除缸中空气，若出口装有阀门，必须将出口阀门打开；

3）特别注意的是往复泵等正位移泵严禁用出口阀门调节流量，否则将造成事故。

图 2-29 所示为往复泵。

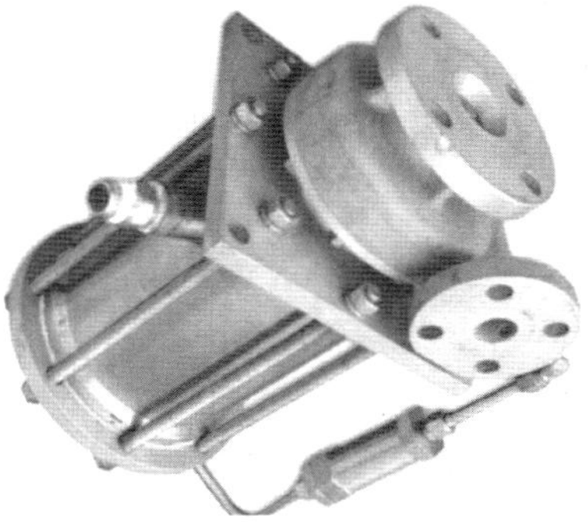

图 2-29 往复泵

B 离心泵

(1) 在开动前，泵内和吸入管必须用液体充满或采取其他措施以防气缚现象发生。

(2) 停车时，慢慢关闭阀门，使泵空转，放净积液。

(3) 可燃液体，需进行流速控制，接地防电，吸入口负压。

(4) 固定安装，需要坚固基础，避免共振。

(5) 吸入口加滤网防杂物，泵与电动机之间的联轴节加防护罩以防绞伤。

(6) 不允许中断输送液体物料，考虑配置备用泵和备用电源。

图 2-30 所示为离心泵原理。

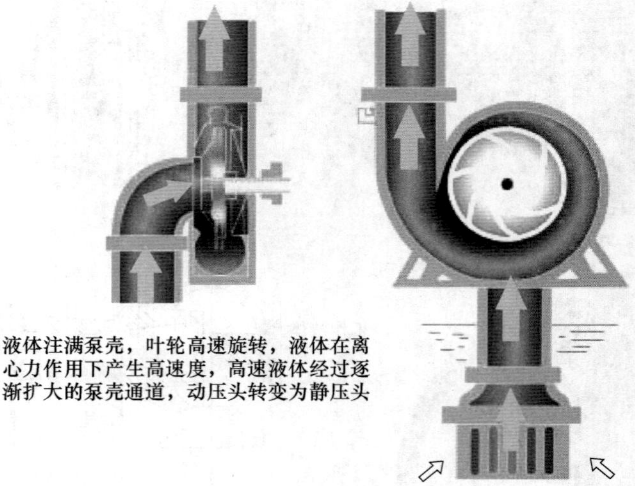

图 2-30　离心泵原理

C　旋转泵

(1) 常见的旋转泵（也称正位移泵）有：齿轮泵、转子泵、螺旋泵、偏心旋转泵和叶片泵等。

(2) 压头大、流量小、无活门，适宜黏度大的液体。

(3) 缝隙小，不输送含固体的悬浮液。

(4) 正位移泵，故不能用出调量。

(5) 旋转泵结构简单、紧凑，操作可靠，管理和使用方便，且转速较高可与电动机直接相连。

图 2-31 所示为旋转泵。

图 2-31　旋转泵

D 流体作用泵

（1）无活动部分，依靠空气的压力或运动着的流体本身。前者如空气升液器，由于这类泵无活动部分且结构简单，因此可衬以耐酸或耐腐蚀材料，在化工生产中有着特殊的用途。

（2）喷射泵用工作流体流动时发生静压能与动能的相互转换，以吸入和排出液体，此泵压头小、效率低，输送物料会被工作流体稀释。

（3）对于闪点很低的易燃液体，应用氮或二氧化碳等惰性气体压送；闪点较高及沸点在 130 ℃以上的可燃液体，如有良好的接地装置，可用空气压送。

（4）输送易燃液体采用蒸气往复泵较为安全，如果采用离心泵，则泵的叶轮应用有色金属或塑料制造，以防撞击发生火花，设备和管道应良好接地，以防静电引起火灾。

蒸气喷射泵如图 2-32 所示。

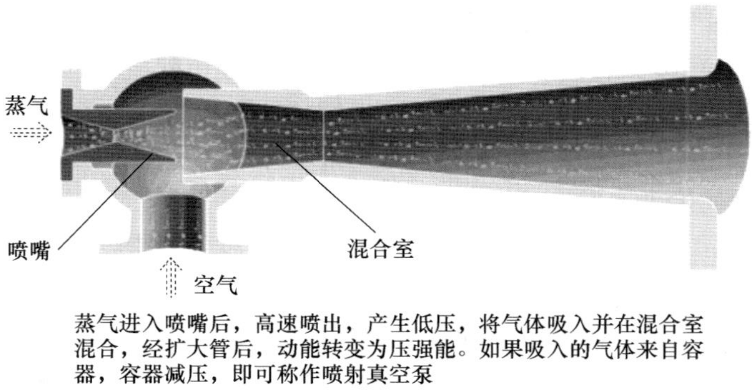

图 2-32 蒸气喷射泵

2.7.4.3 气态物料的输送

（1）往复压缩机是利用汽缸内活塞的往复运动，使气体压缩。

（2）旋转压缩机如图 2-33 所示。

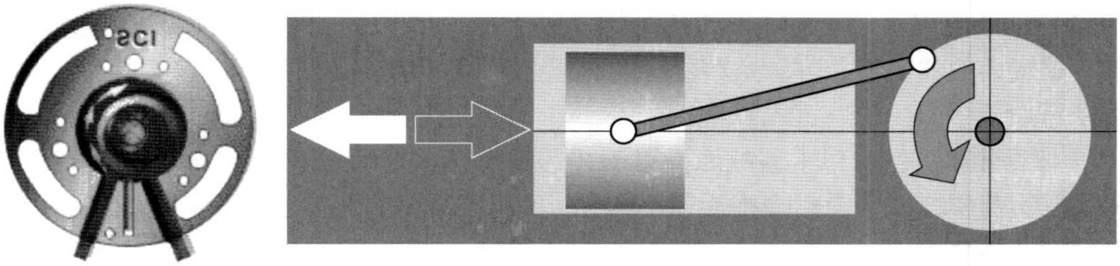

图 2-33 旋转压缩机

1）为避免压缩机汽缸、储气罐及输送管路因压力增高而引起爆炸，要求这些部分要有足够的强度，此外要安装经校验准确可靠的压力表和安全阀（或爆破片）。

2）压缩机在运行中不能中断润滑油和冷却水，并注意冷却水不能进入汽缸，以防发生水锤。

3）对于氧压机严禁与油类接触，一般采用含10%以下甘油的蒸馏水作为润滑剂，其中水的含量应以汽缸壁充分润滑而不产生水锤为准（每分钟80～100滴）。

4）气体抽送、压缩设备上的垫圈易损坏漏气，应经常检查及时修换。

5）对于特殊压缩机，应根据压送气体物料的化学性质的不同而有不同的安全要求。

6）可燃气体的输送管道，应经常保持正压，并根据实际需要安装逆止阀、水封和阻火器等安全装置。

7）易燃气体、液体管道不允许同电缆一起敷设，而可燃气体管道同氧气管一同敷设时，氧气管道应设在旁边，并保持250 mm的净距，管内可燃气体流速不应过高，管道应良好接地以防止静电引起事故。对于易燃、易爆气体或蒸气的抽送、压缩设备的电动机部分，应采用防爆型，否则，应穿墙隔离设置。

2.7.5 案例分析及思政要点

案例1 “7·16”大连输油管道爆炸事故

（1）事故案例：2010年7月16日，位于辽宁省大连市保税区的大连中石油国际储运有限公司原油罐区输油管道发生爆炸，原油大量泄漏并引起火灾，事故造成作业人员1人轻伤、1人失踪；在灭火过程中，消防战士1人牺牲、1人重伤，大连附近海域至少50平方公里的海面被原油污染。

（2）事故原因：一艘30万吨级外籍油轮在卸油的过程当中，由于操作不当引发输油管线爆炸，造成爆炸事故升级的重要原因是发生泄漏的原油储罐未设置紧急切断系统，原油从储罐中不断流出无法紧急切断，导致火灾扩大。

（3）思政要点：从以上事故原因可看出化学品紧急切断装置的重要性，因此要切实加强危险化学品各个环节安全生产工作，进一步加强危险化学品各环节的安全管理，尤其是要注重化学品装卸及运输过程中存在的危险，工作态度要认真负责。

案例2 美国伊利诺伊州爆炸事故

（1）事故案例：2019年5月3日，位于美国伊利诺伊州的AB Specialty Silicones公司在一个罐内进行加料和混合的操作中，由于加入错误物料，导致罐内发生爆炸，事故造成4人死亡，摧毁了生产建筑。

（2）事故原因：1名AB Specialty操作人员将一个错误的化学品打入了储罐，加入的物料与储罐内的物料不兼容。这些混合的化学品发生了化学反应并产生氢气，遇到点火源并引发爆炸。

（3）思政要点：从以上事故原因可看出该操作人员专业素质不符合规定，安全生产主体责任不落实，安全隐患排查治理不到位。我们要提升自身专业素养，认识到安全的重要性，遵守各项规定。

案例3 广东东莞某化工企业火灾事故

（1）事故案例：2019年7月20日，广东东莞市某区某化工企业发生火灾。起火原因是在反应釜和精馏塔的罐体中有甲基氯仿残液溢出至车间，遇到明火燃烧，造成火灾扩大，该事故共造成4人受伤，其中2人重伤治疗无效死亡，2人轻伤和1人轻微伤。

（2）事故原因：主要是发生火灾的反应釜属于混合液体储罐和精馏塔操作间的一部

分，反应釜中含有甲基氯仿残液，在反应釜中加入液体精馏塔后，甲基氯仿残液开始在储罐上进行浓缩和蒸馏，由于浓缩后的浓度过高形成爆炸性混合物，罐体中含有甲基氯仿混合液时因其特殊用途导致混合物中含有甲基氯仿混合液会产生爆炸反应。

事故发生后消防人员采取紧急措施进行处置：首先将泄漏进入罐内的溶剂和混合物全部清出并收集到空地上；然后对罐底的空气进行降温处理后，向罐顶喷射甲基氯仿混合液和泡沫溶液进行冷却降温；最后对罐体进行泡沫冷却降温，经过 20 min 的紧急处置后火灾得以控制并最终扑灭。

（3）思政要点：本次案例涉及的化工企业，共两名人员死亡，如果消防设施不足还会导致火灾事故进一步扩大。我们要培养严谨认真、精益求精、一丝不苟的工匠精神，认识到安全科学技术对平安社区、平安社会建设的重要意义，提升安全素质，培养独立思考能力，增强责任感和使命感。要认真贯彻落实习近平总书记关于安全生产重要论述，进一步树牢安全发展理念，坚持人民至上、生命至上。

习题与答案

2-1　危险化学品如何分类？

答：危险化学品分为爆炸品、压缩气体和液化气体、易燃液体、易燃固体、自燃固体和遇湿易燃物品、氧化剂和有机过氧化剂、有毒物品、放射性物品、腐蚀品。

2-2　对压力系统来说，相变引起的体积变化可能导致哪些危险？

答：蒸气“爆炸”引起物料喷射，少量易燃或毒性液体在有限空间内气化，蒸气冷凝或被其他液体吸收引起的内爆。

2-3　氧差额是如何定义的？有何意义？

答：氧差额：系统的氧含量与系统中的碳、氢和其他可氧化元素完全氧化所需的氧量之间的差值。意义：用于判断化合物爆炸性分解的潜在可能性。

参 考 文 献

[1] 刘紫玉，乾文慧，陈军霞．基于系统动力学的危险化学品运输风险因素研究［J］．河北工业科技，2024，41（2）：124-132.

[2] 刘璐琨，何欣，赵广玉．危险化学品装卸运输事故案例分析与常见隐患防控措施［J］．现代职业安全，2024（2）：71-73.

[3] 臧玉东．危险化学品道路运输安全管理现状及发展趋势［J］．中国航务周刊，2023（43）：64-66.

[4] 张庆．危险化学品装卸、运输事故的反思和对策措施［J］．化工安全与环境，2022，35（38）：12-13，16.

[5] CHENG J，WANG B，CAO C，et al. A quantitative risk assessment model for domino accidents of hazardous chemicals transportation［J］. Processes，2023，11（5）：1442.

[6] LI X H，ABBASSI R，MENG H X. Safety and risk analysis in digitalized process operations［J］. Process Safety and Environmental Protection，2022，166：212-213.

3 化工厂设计和操作安全

【导读】

化工厂安全贯穿于规划、设计、建厂、试车、投产、运行维护的全过程。任何一个环节的微小失误都有可能导致不堪设想的严重后果。本章节主要内容为化工厂设计和操作安全，并结合事故案例，融入职业责任感、依法行事等思政要点对事故进行分析，提高学生职业素养。

【学习要求】

（1）认识工厂选址和布局的安全问题。

（2）了解化工工艺的物料、过程和操作安全问题。

（3）了解化工单元的区域规划、管线配置和装置设施安全设计。

（4）掌握压力容器的类型、材料性能和安全设计要求。

（5）了解压力容器的制造安装、检验要求和安全附件。

（6）了解化工装置的维护必要、预防维护和非常规运行维护。

（7）认识化工装置的设备安全维护要求。

（8）了解电、水、气和废料处理设施安全。

3.1 工厂的定位、选址和布局

3.1.1 危险和防护的一般考虑

危险按潜在或直接的危害分为一级危险和二级危险。

3.1.1.1 一级潜在的危险

易燃物质、热源、火源、富氧、压缩物质、有毒性物质、人员失误、机械故障、人员和物料及车辆在厂区的流动为典型一级危险。一级危险在正常条件下不会造成人身或财产的损害，只有触发事故时才会引起损伤、火灾或爆炸。图 3-1 列举了一些危险品。

3.1.1.2 二级直接的危险

典型的二级危险包括火灾、爆炸、游离毒性物质的释放、跌伤、倒塌、碰撞。二级危险是在一级危险失去控制后发展成的，会造成人身或财产的直接损失。图 3-2 所示为火灾、爆炸现场。

3.1.1.3 防护危险的措施

对于所有上述两级危险，可设置三道防护线。

（1）第一道防护线：为了解决一级危险，并防止二级危险的发生。

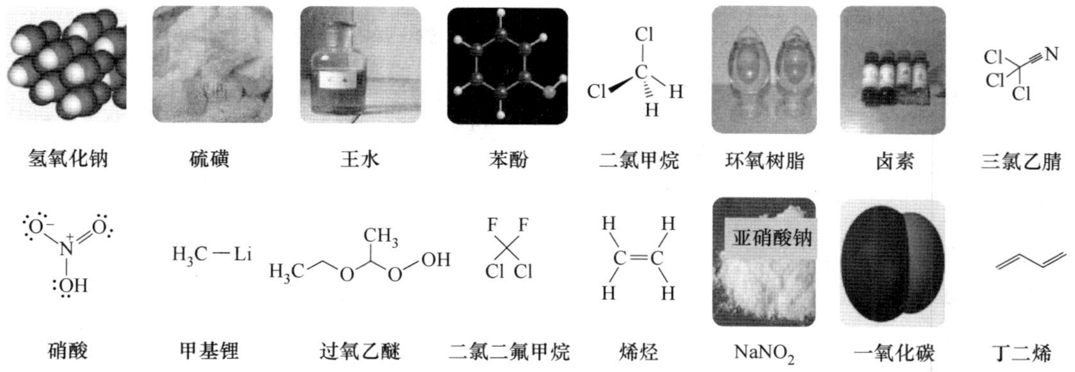

图 3-1　危险品

图 3-2　火灾、爆炸现场

在工厂的布局和规划中可考虑：根据主导风的风向，把火源置于易燃物质可能释放点的上风侧；为人员、物料和车辆的流动提供充分的通道。

（2）第二道防护线：当二级危险发生时，将人身和财产损失降至最低程度。

在工厂的选址和规划方面可考虑：把最危险的区域与人员最常在的区域隔离开；在关键部位安放灭火器材等；为人员、物料和车辆的流动提供充分的通道。

（3）第三道防护线：发生人身伤害事故时，提供有效的急救和医疗设施，使受到伤害的人员得到迅速救治。

三道防护线的构筑方法，一些可利用自然条件，而另外一些须人为构筑。自然条件包括地形、水源、主导风向等。人为构筑包括隔开距离、危险的集中和危险的标识等。

3.1.2　工厂的定位问题

化工厂的定位是指根据市场需求计划建立一个工厂，这时候考虑的问题是把工厂建在哪一个地区。石油化工企业防火间距及卫生防护距离见表 3-1 ~ 表 3-3。

表 3-1 石油化工企业与相邻工厂或设施的防火间距 (m)

相邻工厂或设施		防火间距				
		液化烃罐组（罐外壁）	甲、乙类液体罐组（罐外壁）	可能携带可燃液体的高架火炬	甲、乙类工艺装置或设施	全厂性或区域性重要设施
居民区、公共福利设施、村庄		150	100	120	100	25
相邻工厂（围墙或用地边界线）		120	70	120	50	70
厂外铁路	国家铁路线（中心线）	55	45	80	35	—
	厂外企业铁路线（中心线）	45	35	80	30	—
国家波工业区铁路编组站（铁路中心线或建筑物）		55	45	80	35	25
厂外公路	高速公路，一级公路（路边）	35	30	80	30	—
	其他公路（路边）	25	20	60	20	—
变配电站（围墙）		80	50	120	40	25
架空电力线路（中心线）		1.5 倍塔杆高度且不小于 40 m	1.5 倍塔杆高度	80	1.5 倍塔杆高度	—
Ⅰ、Ⅱ级国家架空通信线路（中心线）		50	40	80	40	—
通航江、河、海岸边		25	25	80	20	—
地区埋地输油管道	原油及成品油（管道中心）	30	30	60	30	30
	液化烃（管道中心）	60	60	80	60	60
地区埋地输气管道（管道中心）		30	30	60	30	30
装卸油品码头（码头前沿）		70	60	120	60	60

表 3-2 石油天然气站场区域布置防火间距 (m)

序号		1	2	3	4、5	
名称		100 人以上的居住区、村镇、公共福利设施	100 人以下的散居房屋	相邻厂矿企业	铁路	
					国家铁路线	工业企业铁路线
油品站场、天然气站场	一级	100	75	70	50	40
	二级	80	60	60	45	35
	三级	60	45	50	40	30
	四级	40	35	40	35	25
	五级	30	30	30	30	20
液化石油气和天然气凝液站场	一级	120	90	120	60	55
	二级	100	75	100	60	50

续表 3-2

序号		1	2	3	4、5	
名称		100人以上的居住区、村镇、公共福利设施	100人以下的散居房屋	相邻厂矿企业	铁路	
					国家铁路线	工业企业铁路线
液化石油气和天然气凝液站场	三级	80	60	80	50	45
	四级	60	50	60	50	40
	五级	50	45	50	40	35
可能携带可燃液的火炬		120	120	120	80	80

表 3-3 石油化工装置（设施）与居住区之间的卫生防护距离 (m)

类型	工厂类型及规模/万吨·年$^{-1}$	装置（设施）分类	装置（设施）名称	当地近五年平均风速/m·s^{-1}		
				<2.0	2.0~4.0	>4.0
炼油	≤800	一	酸性水汽提、硫磺回收、碱渣处理、废渣处理	900	700	600
		二	延迟焦化、氧化沥青、酚精制、加氢精制、污水处理场	700	500	400
	>800	一	酸性水汽提、硫磺回收、碱渣处理、废渣处理	1200	800	700
		二	延迟焦化、氧化沥青、酚精制、加氢精制、污水处理场	900	700	600
化工	30≤乙烯≤60	一	丙酮氰醇、甲胺、DMF	1200	900	700
		二	乙烯裂解（SM技术）、污水处理场、“三废”处理设施	900	600	500
		三	乙爆裂解（LUMMS技术），氯乙烯、聚乙烯、聚氯乙烯、乙二醇、橡胶	500	300	200
合纤	20<涤纶≤60	一	氧化装置	900	900	700
	涤纶≤20	一	氧化装置	700	700	600
	腈纶<10	一	合成装置	600	600	500
		一	聚合及纺丝装置	700(800^{+})	600(800^{+})	500(800^{+})
	锦纶6≤3	一	合成、聚合及纺丝装置	500	500	400
	锦纶66≤5	一	成盐装置	500	500	400
化肥	合成氨≥30	一	合成氨、尿素	700	600	500

3.1.2.1 工厂定位的总体原则

工厂定位的总体原则应符合《化工企业总图运输设计规范》(GB 50489—2009)。

(1) 厂址应符合国家工业布局，并和当地城市及工业区总体规划相协调。

(2) 厂址选择时应同时选择居住区、交通运输设施、公用工程设施及环境保护工程等的建设地点。

（3）厂址宜靠近主要原料和燃料供应地或产品主要销售地及协作条件好的地区。

（4）厂址应具有方便、畅通和经济的交通运输条件。临江、河、湖、海的厂址，当通航条件能满足工厂运输要求时，应充分利用水路运输，且厂址宜靠近适于建设码头的地段。

（5）厂址应有充足、可靠、符合生产和生活要求的水源和电源，且能满足企业发展需要。

3.1.2.2　化工园区的规划

（1）将化工企业集中在一起会受到更密集的关注，便于集中管理、集中监控、废物集中处置、资源共享。

（2）各类化工企业通过生产工艺链的联系集中在一个区域，可以减少道路危险化学品的运输，降低道路运输风险。

（3）应于和重点公共设施隔开，降低化工企业对周边环境影响。

3.1.2.3　工厂定位

工厂定位面对的是一个计划中的工厂和一个现实的环境，要解决的问题是把工厂建于何处。

（1）化工厂定位，一般遵循以下基本原则：

1）有原料、燃料供应和产品销售良好的流通条件；

2）有储运、公用工程和生活设施等方面良好的协作环境；

3）靠近水量充足，水质优良的水源；

4）有便利的交通条件；

5）有良好的工程地址和水文气象条件。

（2）工厂应避免定位在下列地区：

1）发震断层地区和基本烈度9度以上的地震区；

2）厚度较大的Ⅲ级自重湿陷性黄土地区；

3）易遭受洪水、泥石流、滑坡等危害的山区；

4）有开采价值的矿藏地区；

5）对机场、电台等使用有影响的地区；

6）国家规定的历史文物、生物保护和风景游览地区；

7）城镇等人口密集的地区。

表3-4为某氯碱企业的选址分析。

表3-4　某氯碱企业选址分析（与周边设施安全距离表）

<table>
<tr><th>序号</th><th>相对方位</th><th>周边设施名称</th><th>实际距离/m</th><th>规范要求/m</th><th>依据规范条款</th><th>是否符合要求</th></tr>
<tr><td>1</td><td>东</td><td>XXXX村</td><td>770</td><td rowspan="5">1000
600</td><td rowspan="5">《山东省氯碱安全生产技术规范（试行）》
第十二条　《氯碱厂电解法制碱卫生防护距离标准》（GB 18071—2000）</td><td>不符合</td></tr>
<tr><td>2</td><td>东南</td><td>YYYY村</td><td>1240</td><td>符合</td></tr>
<tr><td>3</td><td>东北</td><td>ZZZZZ村</td><td>1400</td><td>符合</td></tr>
<tr><td>4</td><td>东北</td><td>WWWW村</td><td>1750</td><td>符合</td></tr>
<tr><td>5</td><td>南</td><td>UUUU村</td><td>750</td><td>不符合</td></tr>
</table>

续表 3-4

序号	相对方位	周边设施名称	实际距离/m	规范要求/m	依据规范条款	是否符合要求
6	东	铁路专用线(规划)	—	35	GB 50160—2008 第4.1.9条	—
7	南	液体化工码头	8000	120		符合
8	西北	XX 国道	2000	80		符合
9	西北	YY 高速	5000	80		符合
10	北	规划 XXX 集团石化深加工项目二期用地	—	—	—	—

3.1.3 工厂选址的安全问题

工厂选址仍然是一种工厂相对于其环境的定位问题，是在确定完化工厂定位之后进行的，此时考虑的焦点是工厂相对于周围环境的定位问题，如图 3-3 所示。主要考虑如下：

(1) 隔开距离，把厂址选择在一个孤立地区。如果客观条件不允许，可以依据主导风，把工厂置于社区的下风区。

(2) 工厂的高建、构筑物要留有一定的间距，防止物体砸伤行人、汽车司乘人员或临近的设施。

(3) 建在主要河流的下游区。

(4) 临近有释放毒性或易燃气体的工厂，则建在其上风侧。

(5) 保证有充足的水源提高灭火能力。最好附近有河流、湖泊，至少保证有消防管网。

(6) 地形方面，厂区内不应有低洼地，否则会形成毒性或易燃蒸气或液体的积聚。

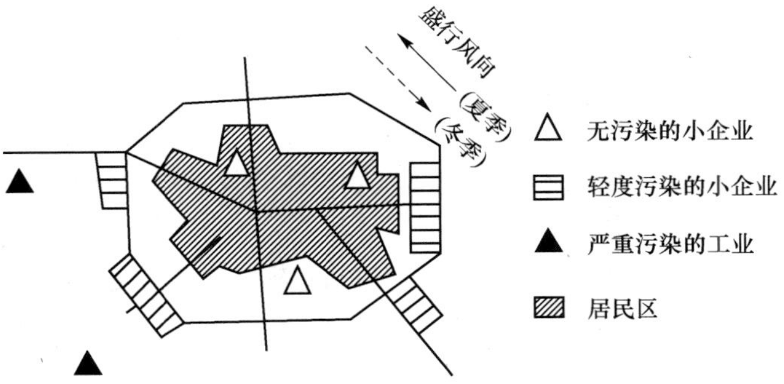

图 3-3 工厂选址示意图

3.1.4 工厂布局的安全问题

工厂布局是一种工厂内部组件之间相对位置的定位问题，其基本任务是结合厂区的内外条件确定生产过程中各种机器设备的空间位置，获得最合理的物料和人员的流动路线。

化工厂布局普遍采用留有一定间距的区块化的方法。工厂厂区一般可划分为以下6个区块：工艺装置区、罐区、公用设施区、运输装卸区、辅助生产区、管理区。在考虑化工厂布局时，主导风方向和最小风频是重要的考虑因素。根据各个区块可能造成物料泄漏或工艺特点，对各个区块的安全要求如下。

3.1.4.1 工艺装置区

加工单元可能是工厂中最危险的区域。首先应该汇集这个区域的一级危险，找出毒性或易燃物质、高温、高压、火源等。这些地方有很多机械设备，容易发生故障，加上人员可能的失误而使其充满危险。在安全方面唯一可取之处是通常该单元人员较少。

加工单元应该离开工厂边界一定的距离；集中而不是分散的分布；置于火源和主要的人口密集区的下风区；不同操作单元可能有交互危险性，应保持必要的距离。

3.1.4.2 罐区

贮存容器需要特别重视，比如贮罐，每个这样的容器都是巨大的能量或毒性物质的贮存器。

（1）容器能释放大量的毒性或易燃性物质，需置于工厂下风区域。

（2）贮罐应安置在工厂中的专用区域，加强其作为危险区的标识，使通过该区域的无关车辆降至最低限度。

（3）罐区和办公室、辅助生产区之间要保持足够的安全距离。

（4）罐区和工艺装置区要留出有效的间距。

（5）罐区应设在地势比工艺装置区略低的区域，不能设在高坡上。

（6）通路问题。每一罐体至少可以在一边由通路到达，最好是可以在相反的两边由通路到达。

罐区的布局应考虑3个基本问题：罐与罐之间的间距，罐与其他装置的间距，设置拦液堤所需要的面积。合理布局有助于防护贮罐两种主要的潜在危险：（1）罐壳破裂，迅速释放出全部内容物；（2）当含水物料的贮罐加热高过水的沸点时，会引起物料过沸。

防火堤（fire dike）用于常压液体储罐组，是在油罐和其他液态危险品储罐发生泄漏事故时，防止液体外流和火灾蔓延的构筑物。防火堤用于防止液态危险品的泄漏事故，要有有效容积容纳事故泄露出的液态危险品，并且墙体的设计强度应能承受所纳危险品的静压力，而防护墙并不需要考虑静压力。

围堰用于常压条件下，通过低温使气态变成液态物质的储罐组，是在发生泄漏事故时，防止冷冻液体骤变成气体前外流的防火堤。围堰是针对冷冻液体而设置，围堰的设置除考虑防火堤的功能外，还需要考虑防冻措施。铁路支线、罐车和罐车的装卸设施规划在工厂边缘地区。

3.1.4.3 公用设施区

（1）远离工艺装置区、罐区和其他危险区，以便遇到紧急情况时仍能保证水、电、气等的正常供应。

（2）由厂外进入厂区的公用工程，不应通过危险区，如果难以避免，则应采取必要的保护措施。

（3）工厂布局应尽量减少地面管线穿越道路。

（4）管线在道路上方穿过时注意高度。

（5）锅炉设备和配电设备应设置在易燃液体设备的上风区域。

（6）冷却塔需远离铁路、公路及居民区。

3.1.4.4 运输装卸区

（1）铁路支线、罐车和罐车的装卸设施规划在工厂边缘地区。

（2）装卸台可能会发生毒性或易燃物的溅洒，装卸设施应设置在工厂的下风区域，最好是在边缘地区。

（3）原料库、成品库和装卸站等机动车辆进出频繁的设施，不得设在必须通过工艺装置区和罐区的地带，与居民区、公路和铁路要保持一定的安全距离。

3.1.4.5 辅助生产区

（1）维修车间和研究室要远离工艺装置区和罐区。

（2）维修车间是重要的火源，同时人员密集，应该置于工厂的上风区域。

（3）研究室与其他管理机构直接连接不恰当。

（4）废水处理装置是工厂各处流出的毒性或易燃物汇集的终点，应置于工厂的下风远程区域。

（5）高温煅烧炉的安全考虑呈现出矛盾。作为火源，应将其置于工厂的上风区，但是严重的操作失误会使煅烧炉喷射出相当量的易燃物，对此则应将其置于工厂的下风区。作为折中方案，可以把煅烧炉置于工厂的侧面风区域。与其他设施隔开一定的距离也是可行的方案。

3.1.4.6 管理区

管理区的主要办事机构应该设置在工厂的边缘区域，并尽可能与工厂的危险区隔离。

销售和供应人员，以及必须到工厂办理业务的其他人员，没有必要进入厂区。这些人员不熟悉工厂危险的性质和区域，而他们的普通习惯如在危险区无意中吸烟，就有可能危及工厂的安全。

办公室人员的密度在全厂可能是最大的，把这些人员和危险分开会改善工厂的安全状况。

3.2 化工工艺设计

化工工艺设计是为实现某一生产过程而提供设计制造和生产操作的依据，并为经济性评价和安全性评价提供基础。要在设计阶段做到安全，首先需要掌握化工工艺设计的基本知识和技能，遵循设计规范并借鉴相关方面的经验；其次是在设计中认真负责，杜绝因为粗心大意造成的低级错误；最后要通过第三方的安全校核进行把关。

3.2.1 工艺流程图

工艺流程图是指用于示意反应过程或化学加工的示意图，主要利用图形符号的表达方式，清晰明了地表达工艺流程中各部分原件的结构以及工艺的运行过程。图 3-4 所示为清洁空气工艺流程图。

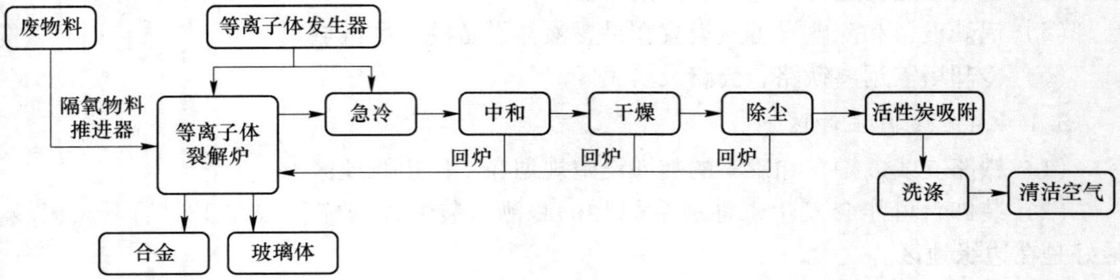

图 3-4 清洁空气工艺流程图

工艺流程图绘制是化工厂设计初始阶段的工作。流程图经过提炼和修改，最后将成为绘制管线配置图、平面图、设备图等的基础。早期阶段做出的决定严重影响着后续阶段，在流程图绘制中始终都要对安全给予充分注意。在进行设计程序时，一般凭借文献、实验室实验和中试工厂模式的有关资料进行设计。

3.2.2 管线配置图

管线配置图是指管路和仪表的线路图，又称工程线路图，是设计和施工的基本工作文件，一般包括以下几个部分。

(1) 开启、关闭、紧急和普通操作需要的所有过程设施，如阀门、盲板、可移动的柱塞等。

(2) 施工材料的鉴定序号和鉴定人，每条管路的直径和绝热要求。

(3) 物流的方向。

(4) 主要过程和起始管路的识别。

(5) 所有仪表、控制点和有仪表失灵显示功能的联锁装置。

(6) 所有设备的主要尺寸和负荷。

(7) 容器、反应器的操作和设计温度。

(8) 装置的标高。

(9) 释放阀、安全膜等的设定压力。

(10) 排水要求。

(11) 必要时要有管路配置的特殊备忘录。

图 3-5 所示为汽车罐车密闭装车鹤管图。

3.2.3 过程物料的安全评价

过程物料的选择，应该就物料的物性和危险性进行详细的评估，对一切可能的过程物料作总体考虑。过程物料可划分为过程内物料和过程辅助物料。

(1) 过程内物料：从原料到产品的整个工艺流程线上的物料，如原料、催化剂、中间体、产物、副产物、溶剂、添加剂等。

(2) 过程辅助物料：实现过程条件所用的物料，如传热流体、重复循环物、冷冻剂、灭火剂等。

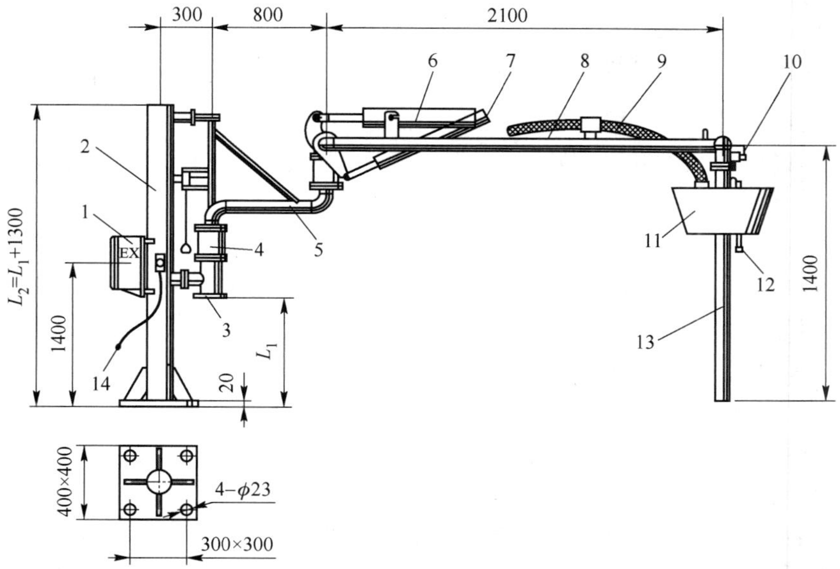

图 3-5 汽车罐车密闭装车鹤管图（单位：mm）

1—液位控制箱；2—立柱；3—接口法兰；4—回转器；5—水平短管；6—平衡器；7—气缸；8—升降气缸操纵阀；9—液相管；10—气缸操纵阀；11—密闭盖；12—液位探头；13—插入铝管；14—气源总阀

在过程设计中，需要汇编出过程物料的目录，记录下过程物料在全部过程条件范围内的有关性质资料，作为过程危险评价和安全设计的重要依据。

过程物料所需的典型资料如下：

（1）一般性说明资料。物料名称和别名、分子结构式和相对分子质量、物理状态、纯度、外观、气味或味道、腐蚀性、主要用途、危险性和防护措施、污染因素等。

（2）基础物性资料包括蒸气密度、相对密度、熔点、沸点、溶解度和互溶性、黏度、粒度及其分布、临界参数、膨胀系数、表面张力、Joule-Thompson 系数等。

（3）易燃性资料包括闪点、着火点、燃烧极限、自热、蒸气压、介电常数、电阻、粉尘爆炸性质、火灾中的毒性热分解产物等。

（4）反应性资料包括高速量热、差热分析、撞击实验、热稳定性、热分析试验、爆炸引起的爆炸扩散、自燃性等。

（5）毒性资料包括毒性危险等级、卫生标准、最大允许浓度、半致死浓度或半致死剂量等。

（6）暴露作用包括吸入或食入危险、呼吸刺激、皮肤刺激、眼睛刺激、皮肤或呼吸的敏感度等。

（7）放射性资料包括放射性测试和 α、β、γ、中子射线暴露及其危害等。

3.2.4 工艺路线的选择

工艺路线的选择是在工艺设计的最初阶段完成的。工艺路线的安全评价，应考虑过程本身是否具有潜在危险，以及为了特定目的把物料加入过程，是否会增加危险。

3.2.4.1 有潜在危险的过程

有潜在危险的过程包括爆炸、爆燃或强放热过程；有粉尘或烟雾生成的过程；在物料的爆炸范围或近区操作的过程；在高温、高压或冷冻条件下操作的过程；含有易燃物料的过程；含有不稳定化合物的过程；含有高毒性物料的过程；有大量贮存压力负荷能的过程。

3.2.4.2 反应过程的安全分析

反应过程常因反应条件的微小变化而偏离预期的反应途径，化学反应过程有较多的危险性。充分评估反应过程的危险性有助于改善过程的安全。

(1) 对潜在的、不稳定的反应和副反应，如自燃或聚合等进行考察，考虑改变反应物的相对浓度或其他操作条件是否会使反应的危险程度减小。

(2) 考虑混合反应物和热源的低效配置、操作故障、设计失误、发生不需要的副反应、热量、反应器失控、结垢等引起的危险。

(3) 评价副反应是否生成毒性或爆炸性物质，是否会有危险垢层形成。

(4) 考察物料是否吸收空气中的水分变潮，表面黏附形成毒性或腐蚀性液体或气体。

(5) 确定所有杂质对化学反应和过程混合物性质的影响。

(6) 确保结构材料彼此相容并与过程物料相容。

(7) 考虑过程中危险物质的积累，如可燃物、毒性中间体。

(8) 考虑催化剂行为的各个方面，如老化、中毒、粉碎、活化、再生等。

3.2.4.3 有潜在危险的操作

有些操作本身具有潜在危险。分析和确定这些操作的危险性，是过程安全评价的重要内容。常见的有潜在危险的操作：易燃或毒性液体或气体的蒸发和扩散；可燃或毒性固体的粉碎和分散；易燃物质或强氧化剂的雾化；易燃物质和强氧化剂的混合；危险化学品与惰性组分或稀释剂的分离；不稳定液体的温度或压力的升高。

3.2.4.4 间歇过程和连续过程比较

连续过程是在生产工艺成熟的情况下，生产操作各环节连续、同时进行，不间断地生产、输出产品。表3-5为不同项目工艺路线的选择。

表3-5 工艺路线的选择

项 目	间歇过程	连续过程
生产操作	按配方规定的顺序进行	连续且同时进行
设备的设计和使用	柔性设计，可进行不同产品的生产	按给定一种产品设计生产特定产品
产品量	批量生产，生产能力低	连续输出产品
工艺条件	动态，随时间变化	稳态
人工干预	是正常情况	主要用于处理不正常情况

间歇过程是精细化工、生物制药和食品饮料生产行业中主要的生产方式。定义为：将有限量的物质，按规定的加工顺序，在一个或多个加工设备中加工，以获得有限量的产品的加工过程。如果需要更多的产品则必须重复整个过程。

间歇过程中的设备有：单纯的间歇设备（TBU）、半连续设备（SCU）（SCU1 表示主要作用设备、SCU2 表示辅助作用设备）和中间存储设备（IS）。间歇过程工艺路线如图 3-6 所示。

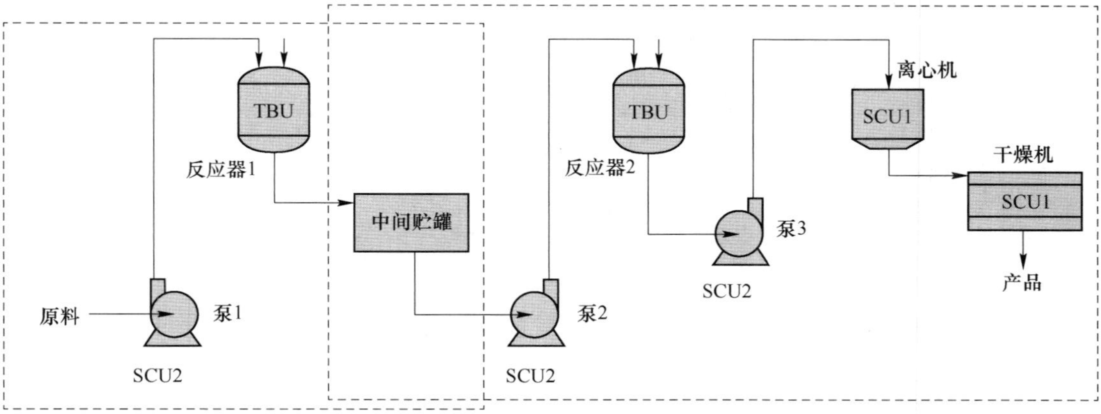

图 3-6 间歇过程工艺路线

间歇过程的分类（按产品数量分）：单一产品厂、多产品厂、多装置厂及多目的厂多套装置生产多个产品，如图 3-7 所示。

间歇和连续两种过程方式的比较：

（1）间歇过程各操作单元之间易于隔绝，单元设备过程物料持有量较大。连续过程各操作单元连通，过程物料持有量较少。

（2）间歇过程劳动强度较大，紧急情况下操作者有较多的机会介入。连续过程更多地依靠自动控制。

（3）间歇过程产物纯度容易控制，过程物料易于识别；连续过程不稳状态或周期性波动（如开车或停车）较少。

（4）间歇过程容易产生操作失误或设备的损坏；连续过程的容器或设备很少需要清洗，不稳态的物料输入也较少。

（5）间歇过程有较长的暴露时间；在连续过程中，有潜在危险的中间体无须贮存加工。

3.2.4.5 工艺设计安全校核

机械设计、过程和布局的微小变化都可能出现预想不到的问题。工厂和设备是为了维持操作参数允许范围内的正常操作设计的，在开车、试车或停车操作中会有不同的条件，因而会产生与正常操作的偏离。为了确保过程安全，需对设计和操作的每一细节逐一校核。

（1）物料和反应的安全校核。如查询过程物料的毒性，确定过程物料在所有过程条件下的有关物性，鉴别一切可能的化学反应，对预期的和意外的化学反应都要考虑。

（2）过程安全的总体规范。如过程的规模、类型和整体性是否恰当，过程的放大是否正确。

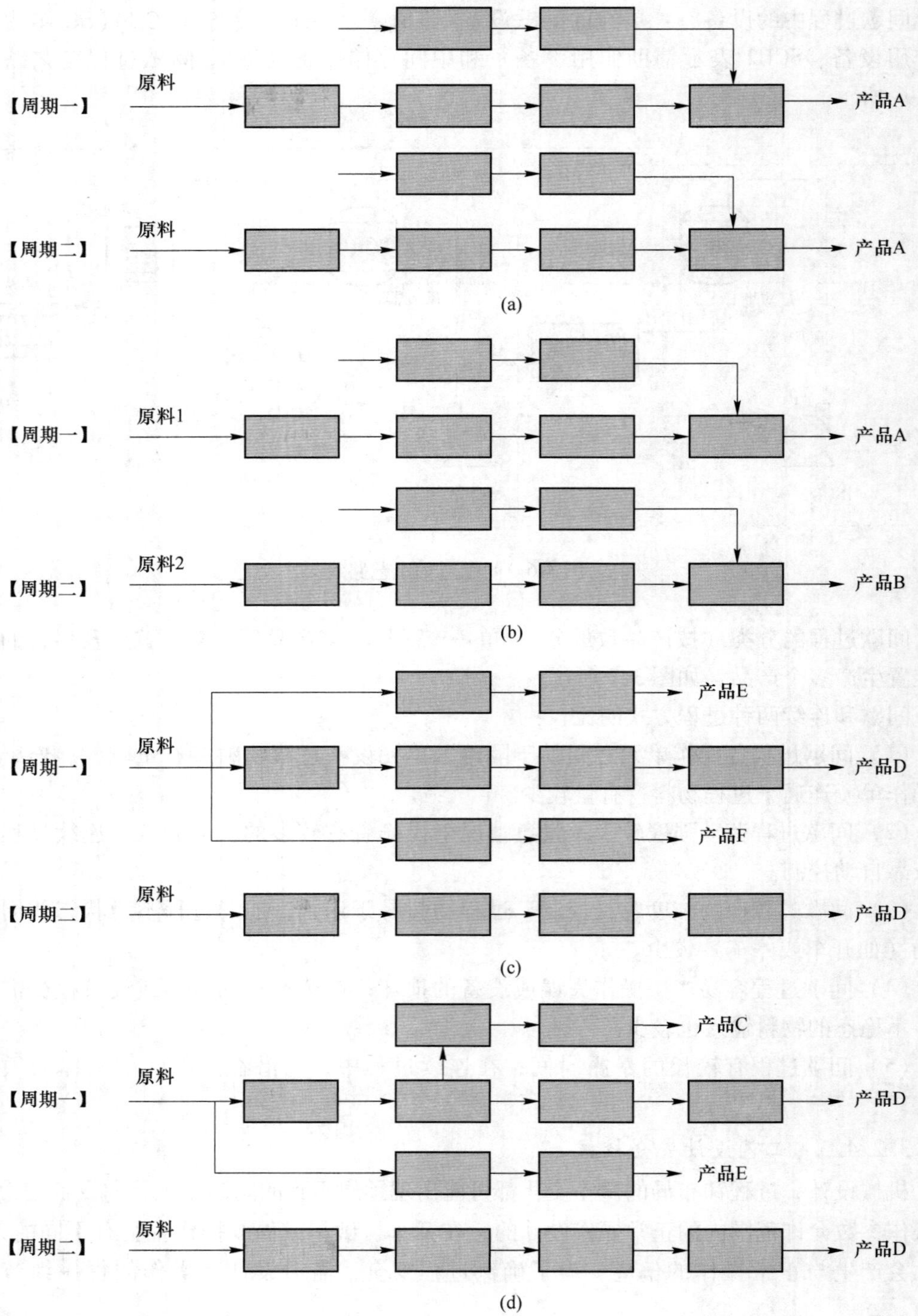

图 3-7 间歇过程的分类（方框代表物料）

（a）单一产品厂（一套装置生产一个产品）；（b）多产品厂（一套装置生产多个产品）；

（c）多装置厂（多套装置生产一个或多个产品）；（d）多目的厂多套装置生产多个产品

（3）非正常操作的安全问题。如考虑偏离正常操作会发生什么情况，对于这些情况是否采取了适当的预防措施。

3.3 化工单元区域规划

化工单元区域规划：是确定各单元边界内不同设备的相对物理位置。

一般来说，单元排列越紧密，配管、泵送和地皮不动产的费用越低。出于安全考虑，需把危险隔开，单元排列应比较分散，同时也为救火或其他紧急操作留有充分的空间。综合考虑表明，留有自由活动空间的开放的区域规划更合理；过分拥挤严重影响施工和维修效率，会增加初始的和继续的投资费用。单元区划一般分为以下 3 种：流程线状布置、分组布置、架空布置。图 3-8 所示为某化工合成材料基地规划图。

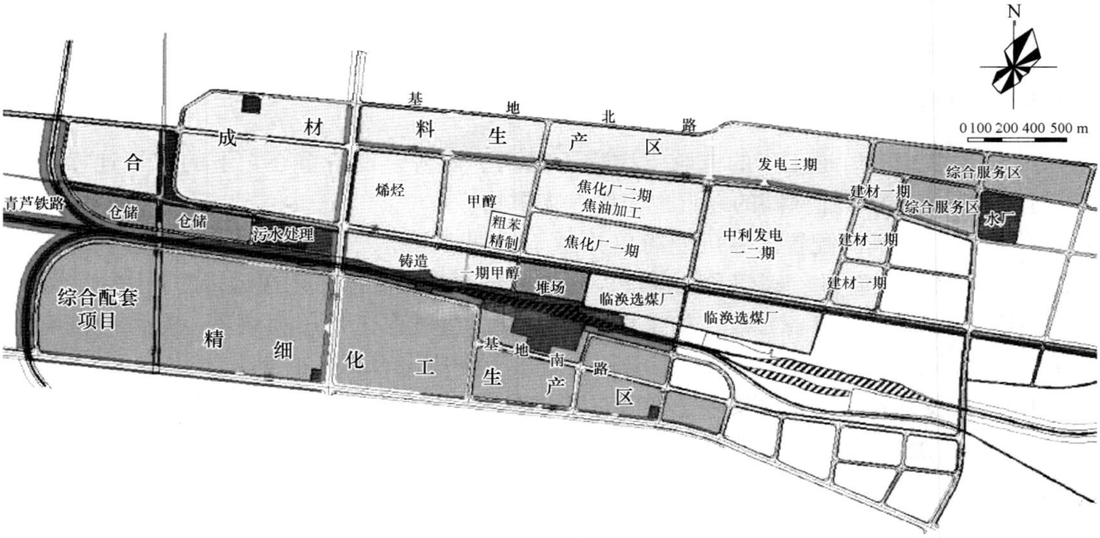

图 3-8 某化工合成材料基地规划图

3.3.1 单元区域的管线配置

（1）工厂化学品的主要泄漏与以下各项成比例，包括管线的长度、排放口的数量、管线的复杂性。管线的复杂性一般反映在连接的泵的数量以及再循环物流的数量两个方面。

（2）减少管件泄漏的简单的设计规则：

1）减少分支和死角的数量。

2）减少小排放口的数量，排放口集中在少数容易接近、容易观察的位置排放。

3）按照相同的规范设计小口径的支管，和主管一样进行严格的检验，确保小的支管在交叉点得到加强，并有充分的支撑。

4）考虑到管件或容器的热膨胀，管线需要有一定的伸缩性。在短管管架上，需要恰当地配置波纹管。

5）直接卸料的排放口，应该设在操作者能够观察到的地方。工作系统对这些排放口应该进行定期核查和报告。

6）保证密封垫与管内流体在最大可能的操作温度下完全互容，在最大内压下也能够紧缩密封。

7）减少真空管线（如真空蒸馏塔上的冷凝器）上的法兰盘数量。

8）在阀式取样点应该配置可移动的插头。

3.3.2 软管系统的配置

对于油船、罐车等的液体物料的装卸，软管的选择和应用需格外谨慎。应考虑的是：

（1）软管的适用性，并结合有关软管的标准。

（2）设置紧急状态下迅速隔离的设施，如对于油船卸货，在软管的一端要设紧急隔离阀，在另一端要设止逆阀，用过流阀替代远程隔离阀等。

（3）应该使用螺栓固定的软管夹，不宜使用侧卸式的软管夹。

（4）软管系统应用时要有充分的保护和支撑设施，不用时要防止软管的压破或损坏。

（5）所有高于大气压操作的可移动软管，都应设置排空阀，防止降压时折断软管。

3.3.3 管线配置的安全考虑

（1）通常用于管道工程的橡胶支撑物不能用于设备，设备重心之下的水平连接法兰需要用刚性板支撑。柱塞阀的邻近也需要有支撑物。

（2）管件和阀门配置需尽可能简单并易于识别，这是安全操作的重要因素。对于不稳定液体的传递，管件、阀门和控制仪表的配置应该防止液体静止在运转的泵中。

（3）对于常设的设备管线，如果设备压力降低至过程正常压力之下，管线应该有低压报警；如果设备压力升高至过程正常压力之上，则应该有高压报警。

（4）在设备管线上应该安装止逆阀（特别是泵与风机的出口），以防止管线中流体的回流。如果回流的结果导致剧烈的反应或设备的过压，止逆阀不足以提供可靠的保证，这时需要高度可靠的断开或关闭系统。

（5）对于泵体或设备极有可能泄漏以及大量物料从设备大量流出的情形，应该考虑安装远程操作的紧急隔离阀。液化石油气容器的所有过程排放管线，也推荐采用自动闭合阀或遥控隔离阀。

3.3.4 单元装置和设施的安全设计

（1）考虑设施的可靠性，以及关闭时备用设备或紧急贮存器的提供——故障自动保险、二次概率设计。

（2）排水系统的恰当设计。一旦易燃液体泄漏出来，就立即排离加工单元，导入蓄污池。

（3）装置的抗污染设计。例如，应用蒸气灭火一般是起稀释泄出物的作用，消防蒸气供应线应该与正常蒸气供应线隔离开，消除烃类泄出物渗入正常蒸气的任何可能性。

（4）地面水和污水也必须隔离排放。对于惰性气体，既要保证日常操作和紧急状态下充足的供应量，又要防止被污染。

（5）对于加工易燃液体或气体的区域，应该尽可能采用敞开结构。这既可以有助于气体或蒸气泄漏物的扩散通风，又可以提供最大可能的爆炸排放面积，而且还有利于救火。粉尘捕集装置和过滤器也应该设置于没有其他过程的敞开区域。

3.4 压力容器的设计、制造和检验

3.4.1 压力容器

3.4.1.1 压力容器规范化历程

（1）早在 19 世纪末就对锅炉和压力容器有了规范化的要求。

（2）20 世纪最初的十年，发生了近一万起锅炉爆炸事件，造成了约一万人的死亡和约一万五千人的伤残。

（3）1907 年，美国 Massachusetts 州提出了世界上第一部锅炉制造和安装的法规。

（4）1911 年美国机械工程师协会成立了一个专门委员会，后来被称为锅炉规范委员会，规范压力容器的设计、制造、检验和鉴定。

（5）我国于 1979 年颁布了《气瓶安全监察规程》；1980 年颁布了《蒸汽锅炉安全监察规程》；1981 年颁布了《压力容器安全监察规程》；1990、1999 年修订并更名为《压力容器安全技术监察规程》；2003 年实施了《特种设备安全监察条例》；2009 又修订颁布了《固定式压力容器安全技术监察规程》等。

3.4.1.2 相关标准

中华人民共和国国家标准：《压力容器》（GB/T 150.1～150.4—2024）由全国锅炉压力容器标准化技术委员会（SAC/TC 262）提出并归口（见图 3-9）。起草单位：中国特种设备检测研究院、中国机械工业集团有限公司、浙江大学、中国石化工程建设公司、华东理工大学、上海华理安全装备有限公司。

ICS 23.020.30
CCS J74
GB
中华人民共和国国家标准
GB/T 150.1~150.4—2024
代替GB/T 150.1~150.4—2011
压力容器
Pressure vessels
2024-07-24发布 2025-02-01实施
国家市场监督管理总局
国家标准化管理委员会 发布

常用压力容器国家标准

GB 150	钢制压力容器
DL 5017—93	压力钢管制造安装及验收规范
GBJ 235—82	工业管道施工及验收规范
SHS 01005—92	工业管道维护检修规程
GB/T 3091—93	低压流体输送用镀锌焊接钢管
GB/T 3092—93	低压流体输送用焊接钢管
GB 1220—75	不锈耐酸钢技术条件
GB 1220—75	耐热钢技术条件
GB 711—88	优质碳素结构钢热轧厚钢板技术条件
HG 20528—92	衬里钢管用承插环松套钢制管法兰
GB 222—84	钢的化学分析用试样取样法及成品化学成分

图 3-9 中华人民共和国国家标准：《压力容器》（GB/T 150.1～150.4—2011）

3.4.1.3 压力容器的范围

压力容器一般是指装有加压流体用于完成某项过程的封闭容器，如贮罐、热交换器、蒸发器和反应器等。

压力容器的范围还包括容器外的管线、终止于管线端焊连接的第一条焊缝、螺栓连接的第一个法兰面、类似连接的第一个有连接迹象的点或面。

图 3-10 所示为压力容器实物图。

图 3-10 压力容器实物图

3.4.1.4 非燃火压力容器分类

压力容器可粗分为蒸汽锅炉和非燃火压力容器两大类型。

非燃火压力容器有多种分类方法，按照其工艺功能可以划分为 4 个类型：

(1) 反应容器（见图 3-11）：主要用来完成物料的化学转化。如反应器、发生器、聚

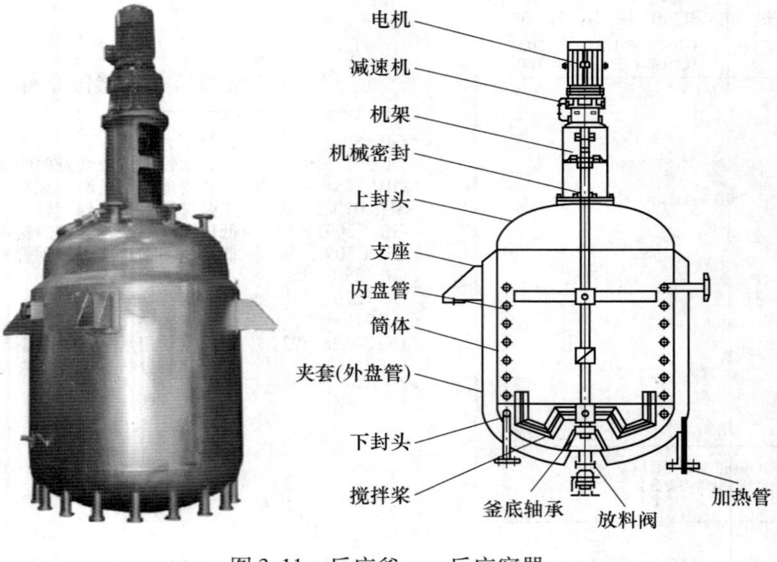

图 3-11 反应釜——反应容器

合釜、合成塔、变换炉等。这类容器的代号为 R。

（2）换热容器（见图3-12）：主要用来完成物料和介质间的热量交换。如热交换器、冷却器、加热器、蒸发器、废热锅炉等。这类容器的代号为 E。

（3）分离容器（见图3-13）：主要用来完成物料基于热力学或流体力学的组元或相的分离。如分离器、过滤器、蒸馏塔、吸收塔、干燥塔、萃取器等。这类容器的代号为 S。

（4）贮运容器（见图3-14）：主要用来完成流体物料的盛装、贮存或运输。如贮罐、贮槽和槽车等。这类容器的代号为 C，其中球罐代号 B。

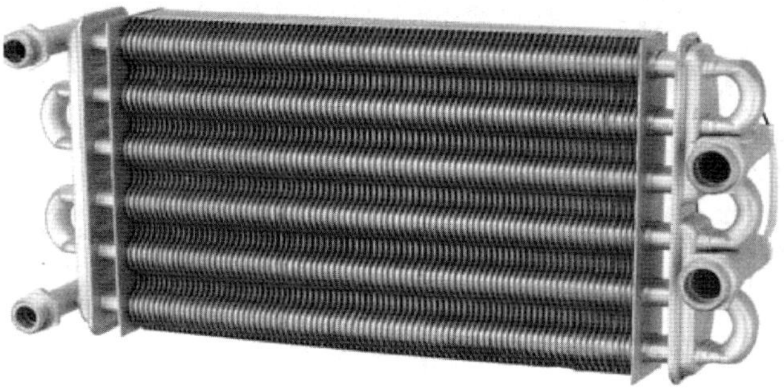

图 3-12　换热容器

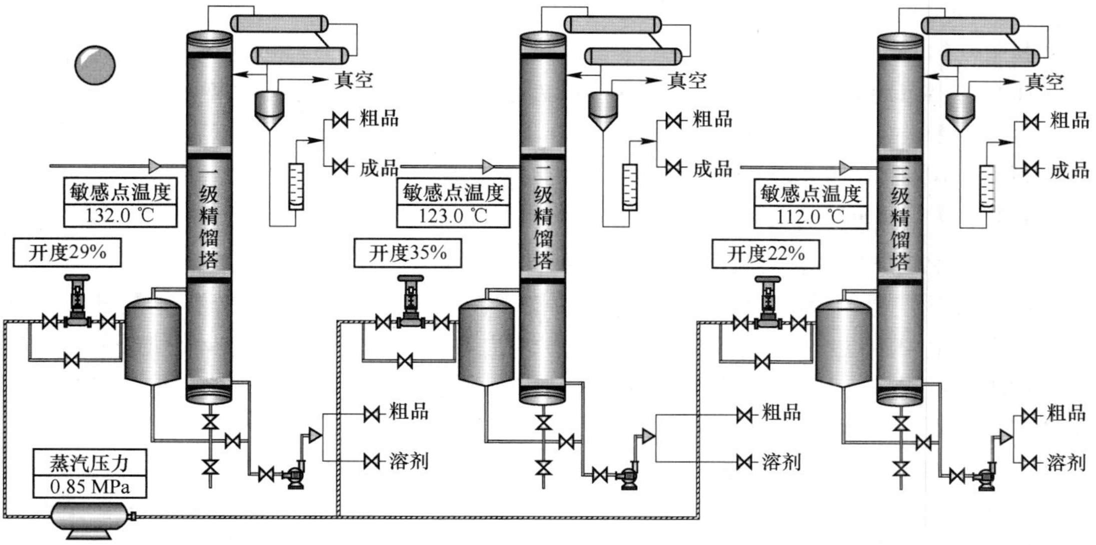

图 3-13　分离容器

3.4.1.5　压力容器的界定

《固定式压力容器安全技术监察规程》中明确界定，压力容器是只有同时具备下列条件的容器：

（1）工作压力大于等于 0.1 MPa。

图 3-14　贮运容器

(2) 工作压力与容积的乘积大于等于 2.5 MPa · L。

(3) 盛装介质为气体、液化气体，以及介质最高工作温度高于或等于其标准沸点的液体。

3.4.1.6　压力容器分类

压力容器按照其设计压力 p 的大小，可以划分为低压容器、中压容器、高压容器和超高压容器 4 个类型。低压容器：0.1 MPa $\leqslant p <$ 1.6 MPa；中压容器：1.6 MPa $\leqslant p <$ 10 MPa；高压容器：10 MPa $\leqslant p <$ 100 MPa；超高压容器：$p >$ 100 MPa。

3.4.1.7　锅炉压力容器

为什么说锅炉压力容器属于特殊设备/特种设备？

(1) 使用广泛。锅炉广泛应用于电力、机械、冶金、化工、轻工等行业及日常生活中。火力发电中用以产生高温高压蒸汽的锅炉叫电站锅炉，其他工业企业及供暖使用的锅炉统称为工业锅炉。我国矿石燃料产量的一半以上都被锅炉消耗，转化为电能或热能，供生产或生活利用。

(2) 事故率高。锅炉压力容器的工作条件一般比较恶劣，因而容易发生各种事故。

1) 爆炸特性：承受压力及温度。锅炉的汽水系统在密闭的容器和管道中工作，承受着介质压力和火焰加热，有时承受的压力和温度会很高。锅炉压力容器内的压力可能因操作失误或反应异常而迅速升高，从而导致承压部件超压破裂。

2) 接触腐蚀性介质：锅炉外侧要接触烟气、灰尘，内侧要接触水或蒸汽，常会造成腐蚀或磨损。压力容器的工作介质常具有较强的腐蚀性，会导致氧腐蚀、硫腐蚀、硫化氢腐蚀以及各种浓度的酸、碱、盐腐蚀，损坏设备。

3) 较为复杂的局部应力：锅炉压力容器通常都有开孔接管及其他的不连续结构，在这些区域内存在着较高的应力，在不利的使用环境或载荷条件下，会导致承压部件破裂。

4）连续运转不易检验：锅炉压力容器大多是钢制焊接结构，在焊缝部位常隐含着漏检缺陷或标准允许的细微缺陷。在使用中，锅炉及很多压力容器必须连续运行，不便停用检查，常因缺陷扩展而导致破裂。

在上述因素共同影响下，即使是设计、制造质量符合标准的锅炉压力容器，在正常操作条件下也会发生各种事故，更不用说带有设计、制造缺陷的设备和操作失当的设备了。

（3）事故后果严重。锅炉压力容器承压部件的断裂破坏伴随着介质的能量释放会形成爆炸，具有巨大的破坏力，不仅损坏设备本身，而且损坏周围的设备和建筑，并常常造成人身伤亡，后果极其严重。

1）冲击波伤害：锅炉压力容器内的介质一般是具有一定压力的气体、液化气体或高温液体，承压部件一旦破裂，介质即泄压膨胀或瞬时汽化，瞬间释放出大量的能量。其中大约85%的能量用以产生冲击波，向周围快速传播，破坏设备、建筑并危害人身安全。

2）设备碎片伤害：锅炉压力容器破裂时，有些壳体可能会断裂成碎片并高速飞出，击穿、撞坏相遇的设备或建筑，有时直接伤人。

3）介质伤害：锅炉压力容器破裂时介质外泄，常常造成人员烫伤、中毒、现场燃烧及二次爆炸，产生连锁反应。

总之，锅炉压力容器爆炸，常造成大面积的、立体性的破坏和群体伤害，给事发单位和社会造成严重损失。

综上所述，锅炉压力容器应用广泛，工作条件恶劣，容易损坏并发生事故，且事故后果严重。因而对锅炉压力容器安全不能等闲视之，一定要慎之又慎，确保万无一失。我国把锅炉压力容器作为一种特殊设备，由国家委托的专门机构对其安全进行监督管理。

3.4.2 压力容器事故综合分析

压力容器的主要泄漏源有阀门装置、密封原因、法兰故障、设备松动、焊接缺陷及原材料问题，所占比例如图3-15所示。

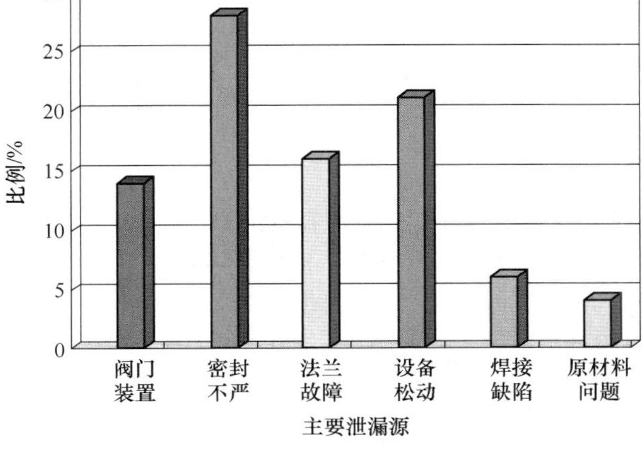

图3-15 主要泄漏源所占比例

压力容器设备类型及其发生泄漏事故的比例如图 3-16 所示。

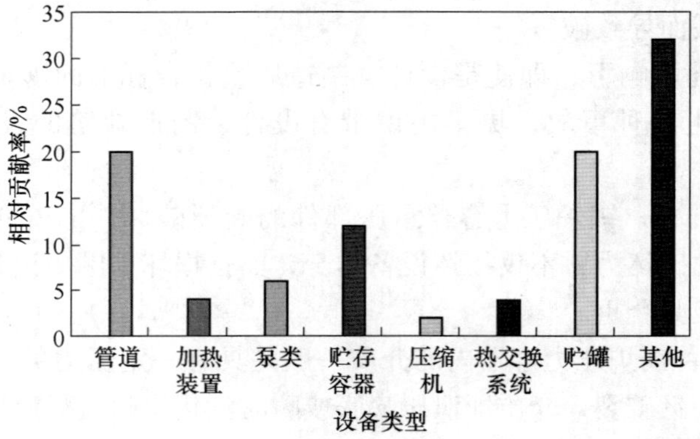

图 3-16 设备发生泄漏事故的比例

压力容器事故原因如图 3-17 所示。

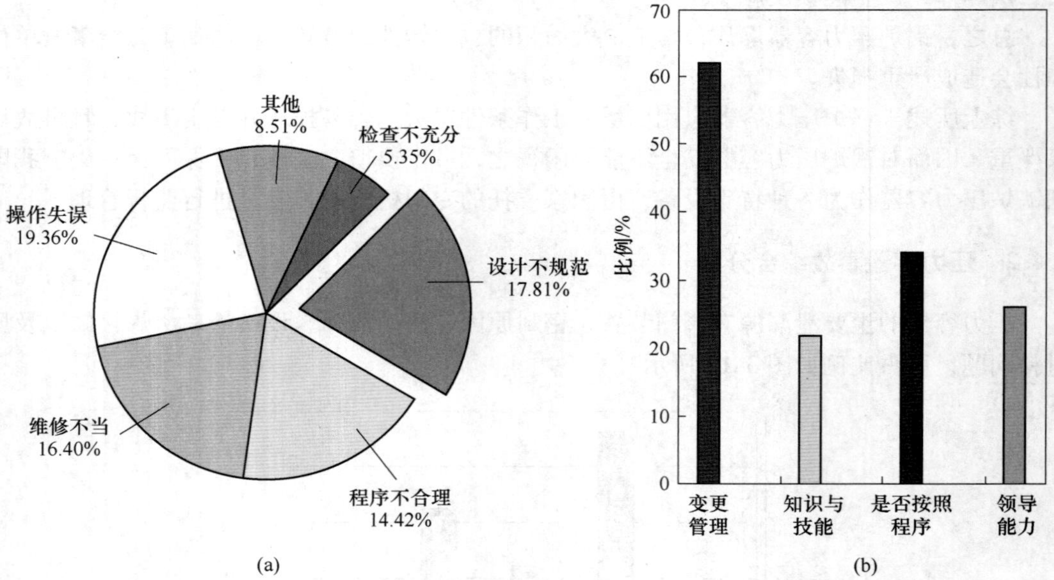

图 3-17 压力容器事故原因

（a）技术原因；（b）管理原因

3.4.3 压力容器安全附件

安全附件是承压设备安全运行的重要组成部分。选用安全附件应满足两个基本要求：（1）安全附件的压力等级和使用温度范围必须满足承压设备工作状况的要求；（2）制造安全附件的材质必须适应承压设备内介质的要求。

3.4.3.1 安全阀

(1) 安全阀（见图3-18）应根据压力容器的工作压力、温度、介质特性确定；

(2) 压力不高的承压设备大多选用杠杆式安全阀，压力容器多半选用弹簧式安全阀。

(3) 流量大、压力高的承压设备应选用全开式，介质为易燃易爆或有毒物质的应选用封闭式。

(4) 选用的安全阀必须具有足够排放能力在超压时把介质迅速排出，保证承压设备的压力不超过规定值。

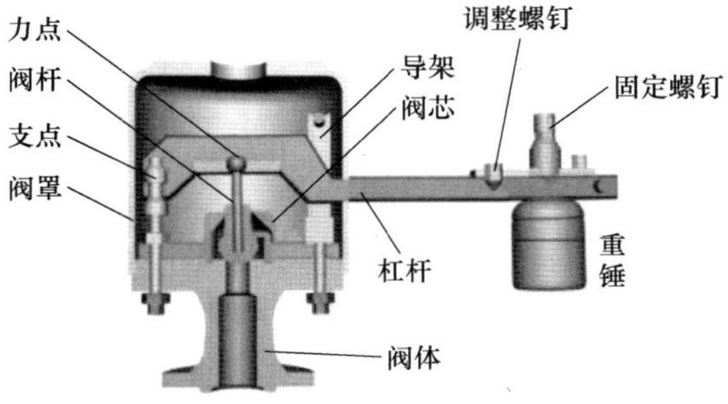

重锤杠杆式安全阀

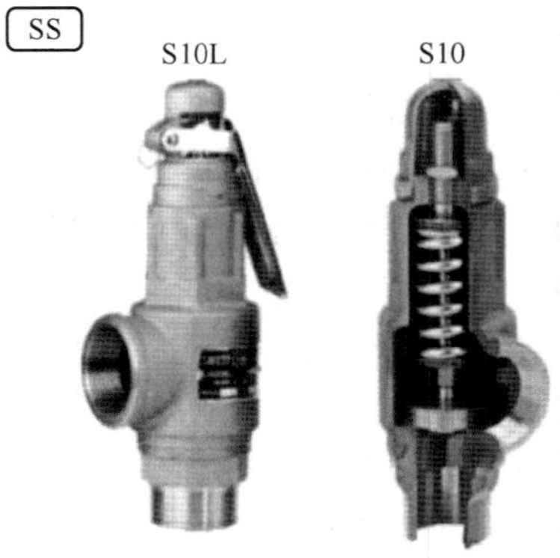

图3-18 安全阀

3.4.3.2 爆破片

(1) 爆破片（见图3-19）主要用于以下几种场合：

1) 有爆燃或异常反应使压力瞬间急剧上升的场合。

2) 不允许介质有任何泄漏的场合。

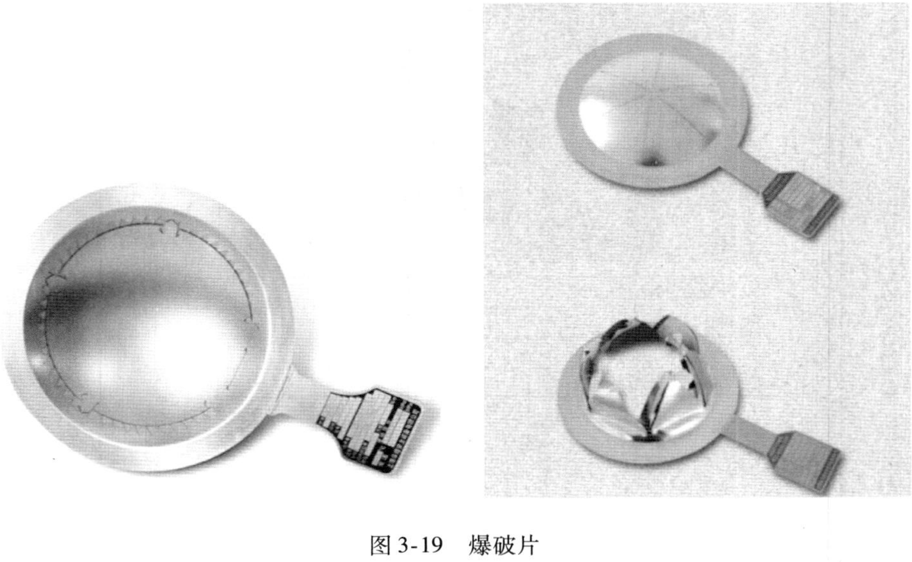

图3-19 爆破片

3）运行产生大量沉淀或黏附物的场合。

（2）爆破片一般有平板型和预拱型两种形式，两者起爆压力相同，后者有更高的抗疲劳强度。

（3）爆破片一般满6个月或12个月更换一次。

（4）容器超压后未破裂或正常运行中有明显变形的爆破片应立即更换。

（5）爆破片的设计爆破压力不得大于该容器的设计压力，并且爆破片的最小设计爆破压力不得小于该容器的工作压力。

3.4.3.3 压力表

（1）选用的压力表（见图3-20）应当与压力容器内的介质相适应。

（2）压力容器设计压力小于1.6 MPa，压力表精度不得低于2.5级，设计压力大于或等于1.6 MPa，压力表精度不得低于1.6级（1.6%）。

（3）压力表盘刻度极限值应当为最大允许工作压力的1.5~3.0倍。

（4）压力表的安装要求

1）装设位置应当便于操作人员观察和清洗，且应当避免受到辐射热、冻结或者震动等不利影响。

2）压力表与压力容器之间，应当装设三通旋塞或针形阀（三通旋塞或针形阀上应当有开启标记和锁紧装置），并且不得连接其他用途的任何配件或接管。

3）用于水蒸气介质的压力表，在压力表与压力容器之间应当装有存水弯管。

4）用于具有腐蚀性或高黏度介质的压力表，在压力表和压力容器之间应当装设能隔离介质的缓冲装置。

外壳公称直径/mm	精确度等级
40；60	2.5；4.0
100	1.6；2.5
150；200；250	1.0；1.6

图3-20 压力表

3.4.3.4 液位计

（1）液位计（见图3-21）应根据压力容器的介质、最大允许工作压力和温度选用。

（2）压力容器设计压力小于10 MPa，液位计1.5倍液位计公称压力；设计压力大于或等于10 MPa，液位计1.25倍液位计公称压力。

（3）储存0 ℃以下介质的压力容器，选用防霜液位计。

（4）寒冷地区室外使用的液位计，选用夹套型或保温型结构的液位计。

（5）用于易爆、毒性程度极度、高度危害介质的液化气体压力容器上的液位计，要有防止泄漏的保护装置，要求液面指示平稳，不允许采用浮子（标）式液位计。

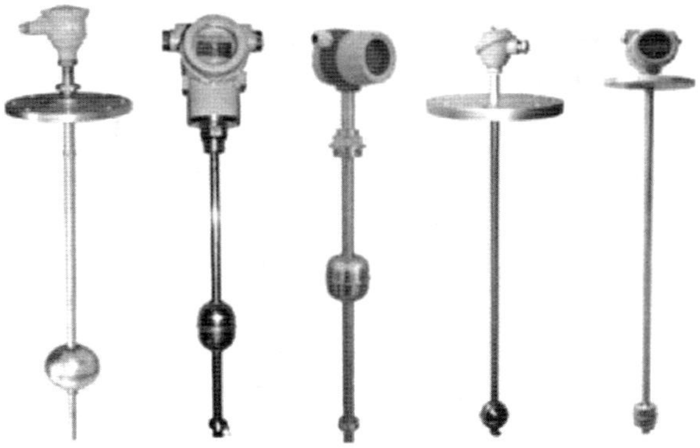

图3-21 液位计

3.5 化工装置维护

3.5.1 化工装置维护的必要性

（1）化工设备的特点。

流体及固体的输送，需应用许多管线、传送设备、叉车和其他物料加工设施及罐、鼓或其他形式的封闭储存容器。

（2）化工过程的性质。

包括温度范围广泛的单元操作，设备大小不一、类型各异。化学工业中的一些问题，如高腐蚀速率、易燃液体、毒性或有害物料是典型的、特有的。

（3）化工操作特点。

许多严重的伤亡事故都与失误有关，不恰当的维护而造成的正常或不正常操作期间的设备故障，可能会成为次级危险。

3.5.2 预防维护

（1）预防维护的功能是确定装置或设施故障的可能频率，在其失效前就进行检验、维修或更换。按照明确计划的时间表检验、维修和更换设备，可以防止许多事故。预防维护对保护人身安全有重要的作用。

（2）化工厂泵预防维护工作程序。

1）区域维护工程师和操作部门管理人员共同确定泵的检验频率、拆卸大修及安装备用泵的时间。

2）泵停止运转的日期和时间要进入生产管理日程，尽量使其与其他机械部件的停机修理时间一致。

3）维护工程组在工作程序管理系统卡上填写维护工作的日期和时间。

4）维护工程组要提前一周发布工作日程。时间和日期要征得操作管理人员的同意，向操作人员发布指令做好设备准备。

5）维护领班和人员再次检查工作程序，协调人员、设备和材料。

6）开展工作，结果记录于泵的设备维护卡上。

7）排出泵的下一次大修日期。

（3）HAZOP 发明人 Trevor Kletz 根据石油化工行业近 500 起事故案例分析发现，半数以上的事故与维修有关：停工占 15%，开工占 14%，维修占 10%，由于设备故障采取措施避免停工占 11%。

（4）预防事故需进行适当维护，不能因为维护不当造成不必要的人员伤亡和财产损失。

1）预防操作人员遭受由维护工作本身引起的意外的环境危险，如吊索松脱、物件掉落、物件绊倒、电焊伤害等。

2）预防维护人员遭受由操作条件引起的危险，需注意操作许可、作业协调、许可证件、警告标识等。

3）预防维护人员遭受自己工作引起的危险，方法程序、步骤要点、维护制度、事故教训等。

3.5.3 非常规运行和有关作业的维护

3.5.3.1 停车和开车

根据美国化学品安全与危险调查局（CSB）的统计，开车期间的过程安全事故约占总的过程安全事故的 8%，如果考虑到开车阶段的时间占工厂运行时间的比例，在单位时间内，开车期间的事故率远远高于正常生产时的事故率，而且事故的后果往往非常严重！

停车和开车的计划和执行的关键是每一步骤都要明确责任，运行设备的停车应该由操作组而非维护或其他辅助组负责，各组必须密切协调一致，停车应尽可能提前向有关组通告，如图 3-22 所示。

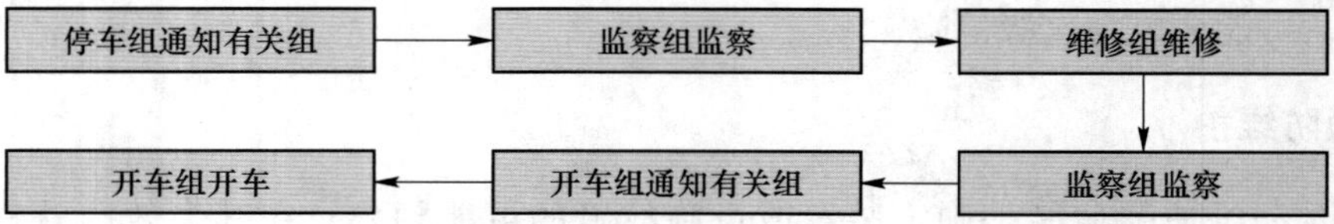

图 3-22 容器维修

3.5.3.2 容器内作业

（1）容器内破损的维修常需要人员进入容器，人员无外界帮助无法脱离容器以及难以与外界联系，由于意外化学品的可能暴露，进入容器需要采取严格的防护措施。

容器内作业事故原因如图 3-23 所示。

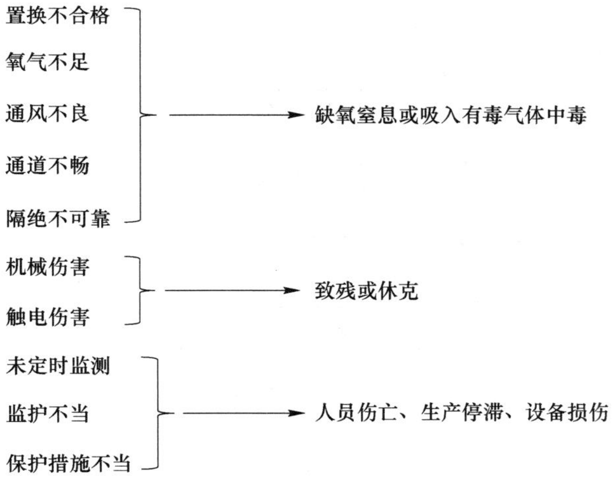

图 3-23 容器内作业事故原因

(2) 容器内作业注意要点：

1) 容器必须由操作人员彻底清洗。

2) 所有连接管线必须断开并进行必要的封堵。

3) 所有电力驱动设施（如搅拌器等）必须在断路开关处切断电源。

4) 采集空气试样检验证明其中无易燃蒸气，在某些情况下还需证明其中不含有毒性或不卫生物质，并含有正常量的氧。

5) 操作和维护监察签发容器进入许可证，证明上述步骤已经圆满完成，并在容器边贴上标志。

6) 进入容器的工人和观察者必须系上安全带和绳索。

7) 在绝大多数情况下，进入容器的工人和观察者都需要空气面罩和新鲜空气的供应，还需要身体隔离的化学品防护服装。配有空气供应软管，提供新鲜呼吸空气和安全舒适的工作环境。

8) 在容器出口设置观察者，时刻保持与容器内工人的联系。在容器内至少还要另有一个工人，在紧急情况下负责向观察者呼救。一个工人不得单独进入容器。

9) 当直梯不能应用时，可以应用木制或金属横档连起来的绳梯或链梯。但是，应该避免无撤退设施时进入容器。

10) 为防止一旦出现紧急情况无法迅速撤退，不允许工人通过挤缩进入容器。标准开口的直径为 0.56 m。

3.5.3.3 紧急维护（维修）

完善的维护程序固然可以应对出现的一般情况，但是，某些特殊问题还是难以避免地发生，需要附加的应对计划（应急预案）。比如，硫酸管道破裂，应该事先设计好关闭、清洗和维修活动，从容应对这类意外事故，减少其对人员和财产的暴露。

意外事故维护的关键是：事先决定好应该做什么、用什么去做，将其排成序列，一旦事故发生就按部就班地执行和完成。紧急维护遵循的一个原则是：如果通常维护的某个方法是不安全的，在紧急条件下应用这个方法会加倍不安全。事故应急管理预案流程如图3-24 所示。

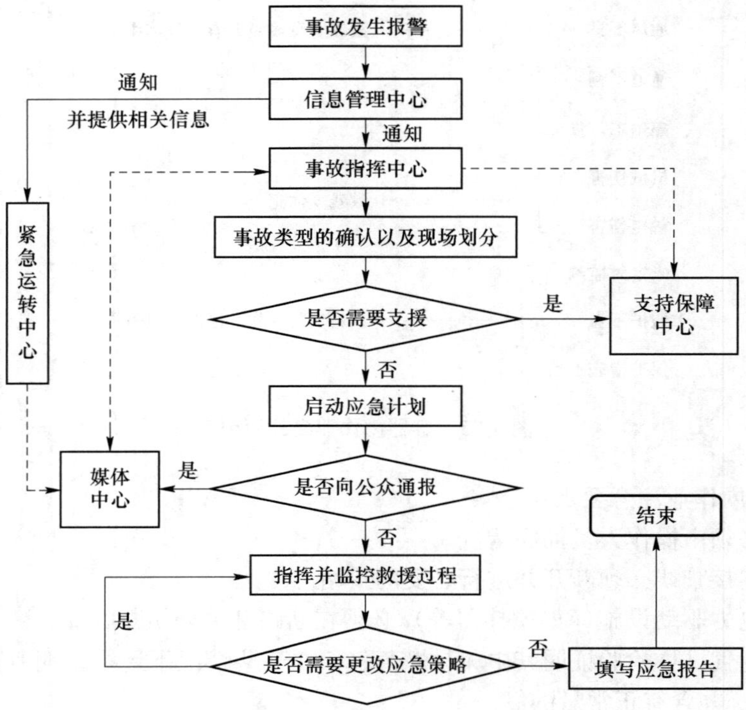

图 3-24 事故应急管理预案流程

3.5.3.4 切割、焊接和其他动火作业

（1）化学工业涉及大量易燃或挥发性物料，防火防爆、火源控制是头等重要的问题。建立减少由于热加工和动火作业引起的火险的特殊程序非常必要。这个程序的要点是：

1）无操作监察负责签发的气割许可证或热加工许可证，不得在标明焊接车间和规定焊接区以外进行焊接或气割作业。

2）进行动火作业，气割和焊接人员持证上岗，且必须训练有素，能够对周围易燃物料进行分析和防护、能够灭火和处理意外事故。

3）所有气割和焊接人员应该能在自身工作中防火急救，通常还需要水龙带。

4）对特殊物性的储罐和容器，可能因受热分解而燃烧爆炸的（如过氧化物、硝化物等）或产生剧毒气体的，应用物理或化学方法清洗干净再动火。

（2）动火安全要点如下：

1）审证：禁火区内动火应办理动火许可证（见图 3-25）的申请、审核和批准手续，明确动火的地点、时间、范围、动火方案、安全措施、现场监护人。

2）联系：动火前要和生产车间、工段联系，明确动火的设备、位置。事先由专人负责做好动火设备的转换、清洗、吹扫、隔离等解除危险因素的工作，并落实其他安全措施。

3）拆迁：凡能拆迁到固定动火区或其他安全地方进行动火的作业不应放在生产现场（禁火区）内进行，尽量减少禁火区内的动火工作量。

4）隔离：动火设备应与其他生产系统可靠隔离，防止运行中设备、管道内的物料泄漏到动火设备中来；将动火区与其他区域采取临时隔火墙等措施加以隔开，防止火星飞溅而引起事故。

5）移去可燃物：将动火周围 10 m 范围以内的一切可燃物，如溶剂、润滑油、未清洗的盛放过易燃液体的空桶、木筐等移到安全场所。

6）灭火措施：动火期间动火地点附近的水源要保证充足，不能中断；动火现场准备好适用的足够数量的灭火器具；危险性大的重要地段动火，消防车和消防人员要到现场，做好充分准备。

7）检查和监护：根据动火制度的规定，厂、车间或安全、保卫部门负责人现场检查，对照动火方案中提出的安全措施检查是否已落实，并再次明确和落实现场监护人和动火现场指挥，交代安全注意事项。

8）动火分析：动火分析不宜过早，一般不要早于动火前半小时。如果动火中断半小时以上，应重做动火分析。

9）动火：动火应由经过安全考试合格的人员担任。动火时注意火星飞溅方向，采用不燃或难燃材料做成的挡板控制火星飞溅方向，防止火星落入危险区域。

（3）动火作业的六大禁令：动火证未经批准，禁止动火；不与生产系统可靠隔绝，禁止动火；不清洗、置换不合格，禁止动火；不消除周围易燃物，禁止动火；不按时作动火分析，禁止动火；没有消防措施，禁止动火。

临时动火作业许可证

编号：

申请动火单位（部门）			
动火区域			
动火时间	年 月 日 时 分 —— 年 月 日 时 分		
动火理由		动火方式	
动火人		安全监护人	
动火部门负责人		消防责任人	
动火作业安全措施			
审批人			

年 月 日

(a)

动火安全作业票填写模板

编号：DH2022042102

作业申请单位	甲醇车间	作业申请时间	2022年4月21日8时00分
作业内容	增加压力表	动火地点及动火部位	合成装置二层E101冷却水管线入口
动火级别	特级□　一级□　二级□	动火方式	电焊、气割
动火人及证书编号	刘××，141080319920801××××		
作业单位	××××公司	作业负责人	邓××

气体取样分析时间	4月21日8时18分	月　日　时　分	月　日　时　分
代表性气体	甲醇		
分析结果/%	E101冷却水管线入口及电焊机周围10 m检测数据为0		
分析人	李××		

关联的其他特殊作业及安全作业票编号	临时用电、盲板抽堵作业……
风险辨识结果	触电、火灾爆炸、灼伤……
动火作业实施时间	自2022年4月21日8时45分至2022年4月21日12时10分止

序号	安全措施	是否涉及	确认人
1	动火设备内部构件清理干净，蒸气吹扫或水洗合格，达到动火条件	√	
2	断开与动火设备相连接的所有管线，加盲板(　)块，未采取水封或仅关闭阀门的方式代替盲板	√	
3	动火点周围的下水井、地漏、地沟、电缆沟等已清除易燃物，并已采取覆盖、铺沙、水封等手段进行隔离	√	
4	油气罐区内动火点同一防火堤内和防火间距内的油罐不同时进行脱水和取样作业	×	
5	高处作业已采取防火花飞溅措施，作业人员应佩戴必要的个体防护装备	×	
6	在有可燃物构件和使用可燃物做防腐内衬的设备内部动火作业，已采取防火隔绝措施	×	
7	乙炔气瓶直立放置，已采取防倾倒措施并安装防回火装置，乙炔气瓶、氧气瓶与火源间的距离不应小于10 m，两气瓶相互间距不应小于5 m	√	
8	现场配备灭火器(　)台，灭火毯(　)块，消防蒸汽带或消防水带(　)	√	
9	电焊机所处位置已考虑防火防爆要求，且已可靠接地	√	
10	动火点周围规定距离内没有易燃易爆化学品的装卸、排放、喷漆等可能引起火爆炸的危险作业	√	
11	动火点30 m内垂直空间未排放可燃气体；15 m内垂直空间未排放可燃液体；10 m范围内及动火点下方未同时进行可燃溶剂清洗或喷漆等作业，10 m范围内未见有可燃性粉尘清扫作业	√	
12	已开展作业危害分析，制定相应的安全风险管控措施，交叉作业已明确协调人	√	
13	用于连接检测的移动式可燃气体检测仪已配备到位	×	
14	配备的摄录设备已到位，且防爆级别满足安全要求	×	
15	其他相关特殊作业已办理相应安全作业票，作业现场四周已设立警戒区	√	
16	其他安全措施：　无　　　编制人：×××	√	

安全交底人	×××	接受交底人	×××(作业人员)
监护人	×××		

作业负责人意见 同意作业。	签字：×××(作业负责人)　2022年4月21日8时20分
所在单位意见 同意作业。	签字：×××(车间有关人员)　2022年4月21日8时22分
安全管理部门意见 同意作业。	签字：×××(安全部有关人员)　2022年4月21日8时25分
动火审批人意见 同意作业。	签字：×××(主管副总经理或副厂长)　2022年4月21日8时30分
动火前，岗位当班班长验票情况 安全措施到位，已经验票。	签字：×××(当班班长)　2022年4月21日8时40分
完工验收 动火作业已完成，作业现场已清理。	签字：×××(车间人员、作业人员)　2022年4月21日12时20分

(b)

图 3-25　动火许可证

（a）临时动火作业许可证；（b）动火安全作业票填写模板

3.5.4 设备的维护

3.5.4.1 设备的试压

有多种仪表可用于精确测定容器选定区域的壁厚，但并不能保证未测定的区域没有薄弱环节。所以，仪表测定无法完全取代定期的液压试验。

液压试验是在超过正常操作压力下测定容器的耐压能力。通常试验的压力是正常工作压力的1.5倍。对容器壁变薄速率的分析、由钻孔或插入物的冶金学研究测定容器壁厚或应用经验，可以确定定期液压试验的频率。

液压试验一般是用水进行。如果水与容器的应用互相排斥，可以应用其他无危险惰性液体，但是应该尽量避免应用空气或其他气体。只有压力试验不适于应用液体，并且容器设有隔墙，使人员和财产可以预防容器破裂的发射物和冲击力，才谨慎地选择应用某些气体。

除非容易破损使人员遭受伤害，从安全的观点出发，管道和非急需维护的设备无须进行液压试验。

3.5.4.2 化学污染设备的处理

离开操作区的所有设备都应该是清洁的，从而在移至没有受过物料危险性严格训练的维修人员处，可以安全作业。

所有设备一旦停止运行就应该立即贴上有关化学品污染状况的标志，污染状况标志要随着污染条件的变化及时修正。

尽可能在设备搬动之前完成设备的清洗和净化。如果不能在操作区清除设备的污染，需把设备移至能够进行清理工作的有充分消防条件的区域，有计划地个别处理。

特别注意预防管道和阀门排出夹在其中的物料，这可能会成为危险的爆炸源。所有阀门都应该是清洁的，阀帽应该是松开的。排放前务必要打开阀门。

动火区的管道有可能被加热，易燃废液不得进入排水槽或下水道，玻璃制品和其他废料必须分别处理。

3.5.4.3 设备作业维护

事先关闭或切断动力源后，人员才能在电力或机械驱动的设备上作业。为实现上述要求，可以锁定电开关在“关”的位置；切断电力或机械马达；拆卸皮带传动装置；锁定主推进器的料阀于“关”的位置；停止活塞、曲柄或飞轮的运动。应该制定书面程序并对程序的应用进行严格培训。

3.6 案例分析及思政要点

案例 河北沧州某产业园区内储油罐火灾事故

（1）事故案例：2021年5月31日14时28分，河北省沧州市渤海新区南大港产业园区东兴工业区鼎睿石化有限公司储油罐发生火灾，严重威胁公司内其他储罐和工业园区内企业及附近村庄人员安全。事故发生后，应急管理部持续调度指导应对处置工作，派出工作组赶赴现场，迅速调集周边消防救援专业力量跨区域增援。河北省政府负责同志带领有关部门人员赶赴现场指挥火灾扑救工作。应急管理部、河北省政府、现场指挥部迅速构建了协同作战指挥体系，应急、消防、公安、生态环境、气象等相关部门协调联动，全力开展火灾扑救、交通管制、人员疏散、地下管网封堵、环境监测、气象预警等救援处置工作。河北省、山东省和天津市消防救援总队、华北油田消防支队以及国家危化品应急救援天津石化队共1547名消防救援人员、351辆消防车参与火灾扑救。经过84 h全力扑救，明火于6月4日2时30分被扑灭，事故未造成人员伤亡。

(2) 事故原因：未在油气回收管线安装阻火器和切断阀，违规动火作业，引发管内及罐顶部可燃气体闪爆，引燃罐内稀释沥青，是事故发生的直接原因。

(3) 思政要点：在本次事故中，相关单位迅速启动重大灾害事故响应机制，跨区域、成建制调集多方力量到场参与处置。构建“一部六组”指挥体系，实行扁平化指挥，保证指令快速执行。确定了初期重“控火”，中期重“排险”，后期重“歼灭”的战略步骤。采取“冷却控火、围堰分割、水幕隔断、分段封堵、放空点燃、分步歼灭”等技战术措施，成功扑灭大火，确保了厂区及周边企业和整个产业园区的安全。我们要学习习近平总书记关于安全生产的重要论述精神，以及关于双重预防机制建设政策的解读，深刻领悟“大安全观”的意义。

习题与答案

3-1 工厂应避免定位在哪些地区？

答：(1) 发震断层地区和基本烈度9度以上的地震区。

(2) 厚度较大的Ⅲ级自重湿陷性黄土地区。

(3) 易遭受洪水、泥石流、滑坡等危害的山区。

(4) 有开采价值的矿藏地区。

(5) 对机场、电台等使用有影响的地区。

(6) 国家规定的历史文物、生物保护和风景游览地区。

(7) 城镇等人口密集的地区。

3-2 罐区的布局应考虑哪3个基本问题？

答：(1) 罐与罐之间的间距；(2) 罐与其他装置的间距；(3) 设置拦液堤所需要的面积。

3-3 动火作业的六大禁令是什么？

答：动火证未经批准，禁止动火；不与生产系统可靠隔绝，禁止动火；不清洗、置换不合格，禁止动火；不消除周围易燃物，禁止动火；不按时作动火分析，禁止动火；没有消防措施，禁止动火。

参考文献

[1] 上海华谊工程有限公司，上海市公安消防总队. GB 51283—2020 精细化工企业工程设计防火标准 [S]. 北京：中国计划出版社，2020.

[2] 中国石油化工集团公司. GB 50984—2014 石油化工工厂布置设计规范 [S]. 北京：中国计划出版社，2014.

[3] ZHANG Z, WU Z, RINCON D, et al. Operational safety of chemical processes via Safeness-Index based MPC: Two large-scale case studies [J]. Computers and Chemical Engineering, 2019, 125: 204-215.

[4] TSAI S F, HUANG A C, SHU C M. Integrated assessment of safety distances for rescue work in chemical

plant fires involving domino effects [J]. Process Safety Progress, 2017, 37 (2): 186-193.

[5] HOWARD B W. On the need for small chemical operators to know and use proper chemical process safety technology [J]. Plant/Operations Progress, 1989, 8 (2): 65-69.

[6] 杜占. 化工过程单元操作的安全隐患分析与风险防控 [J]. 化工设计通讯, 2020, 46 (4): 193-194.

[7] 高云龙. 化工生产过程危险与可操作性问题的研究 [J]. 化工管理, 2018 (17): 226.

[8] 孙杨. 石油化工装置管道的安全设计 [J]. 中国石油和化工标准与质量, 2023, 43 (17): 46-48.

[9] 沈雷雷, 曾伟. 化工安全设计在预防化工事故发生中的作用及实施策略 [J]. 化工管理, 2022 (32): 87-89.

[10] 杜正懋. 化工安全设计在化工事故预防中的应用 [J]. 化工管理, 2020 (24): 82-83.

4 燃烧和爆炸与防火防爆安全技术

【导读】

通过本章节的学习，可以较全面地了解对火灾燃烧现象的本质、重要可燃物质的物理化学性质、燃烧和爆炸的基本原理、着火和灭火的基本理论，以及气态、液态和固态可燃物燃烧或爆炸的基本规律。初步掌握以燃烧理论为基础来分析火灾中的现象，建立能分析和解决实际问题的思维方法。其次引入国内外事故案例，融入安全生产、以人为本及遵守规则等思政要点，增强学生的消防安全意识、自防自救能力以及社会责任感。

【学习要求】

（1）掌握燃烧和爆炸与防火防爆技术中的基本概念和理论，具有对防火基本原理、防爆基本原理、不同可燃物危险性评价的能力。

（2）掌握防火防爆技术中的基本措施和技术，并能掌握防火防爆措施中常用的安全设备操作知识。

（3）掌握火灾爆炸时灭火方法，正确选择和使用灭火设施。

4.1 燃烧要素和燃烧类别

4.1.1 燃烧概述

（1）燃烧是可燃物质与助燃物质（氧或其他助燃物质）发生的一种发光发热的氧化反应。

（2）燃烧的三角形理论：燃烧必须具备 3 个必要条件，即可燃物质（一切可氧化的物质）、助燃物质（氧化剂）、火源（能够提供一定的温度或热量），如图 4-1 所示。

图 4-1　燃烧的三角形理论

（3）近代燃烧理论用连锁反应来解释物质燃烧的本质，认为燃烧是一种自由基的连锁反应，并提出燃烧四面体学说，如图 4-2 所示。

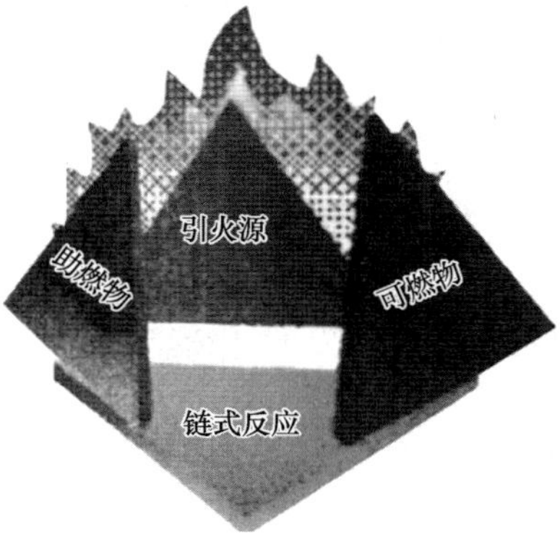

图 4-2　燃烧四面体学说

4.1.2　燃烧形式

可燃气体、液体和固体（包括粉尘）在空气中燃烧时，可以多种形式进行。

（1）按照可燃物和助燃物两者存在的相态特征，燃烧分为均相燃烧和非均相燃烧两种形式。

1）均相燃烧。在相同相态的可燃物和助燃物之间发生的燃烧称为均相燃烧。例如氢气在氧气中的燃烧、乙烷气在空气中的燃烧。

2）非均相燃烧。可燃物和助燃物处于不同的相态时，两者之间发生的燃烧被称为非均相燃烧。比如石油、煤炭、木料在空气中的燃烧。

（2）按照燃烧时可燃物和助燃物的混合程度，分为混合燃烧和扩散燃烧。

1）混合燃烧。可燃物和助燃物先混合、后燃烧这种形式，称为混合燃烧。混合燃烧速度快，能量集中释放，温度高，具有爆炸特征。煤矿井下瓦斯气体与空气混合后，遇火发生的瓦斯爆炸，从本质上讲，就是混合燃烧。

2）扩散燃烧。若使可燃物从管道、容器等中逐渐释出，待其与空气相接触、扩散后，再发生燃烧反应，这就是扩散燃烧。扩散燃烧的一个特点就是与可燃物接触的氧气量通常偏低，这样反应后往往会留有没有完全燃烧的产物。

（3）按照燃烧历程、特点等不同，可分为蒸发燃烧、分解燃烧和表面燃烧等多种形式。

1）蒸发燃烧。蒸发燃烧是指可燃液体蒸发出的可燃蒸气的燃烧。乙醇、丙醇、汽油等易燃液体的燃烧就属于蒸发燃烧。通常液体本身并不燃烧，燃烧的只是其蒸发出来的蒸气。

2）分解燃烧。分解燃烧是指可燃物在受热过程中伴随有热分解，由热分解产生可燃气体，可燃气体被点燃而进行的一种燃烧现象。

3）表面燃烧。表面燃烧是指可燃物表面被加热后发生的燃烧。与在气相中进行的会有明显火焰出现的燃烧不同，在固体表面进行的燃烧是没有火焰出现的。

4.1.3 燃烧类型

根据燃烧发生的起因和表现特点，可将燃烧现象分为闪燃、点燃、自燃 3 种类型。闪点、燃点和自燃点分别是这 3 种类型燃烧现象的特征参数。

（1）闪燃和闪点。

闪燃是指可燃液体表面产生的蒸气达到一定量，与空气形成混合物，遇到火源时产生的一闪而灭的瞬间燃烧现象，闪燃的最低温度成为闪点。

（2）点燃和燃点。

点燃是指可燃物与火源直接接触而引发的持续燃烧现象，点燃的最低温度称为燃点。

（3）自燃和自燃点。

自燃是指在没有外部火源的情况下，可燃物质自行引发的一种燃烧现象，自燃的最低温度称为自燃点。

4.2 燃烧过程和燃烧原理

4.2.1 燃烧过程

燃烧过程如图 4-3 所示。

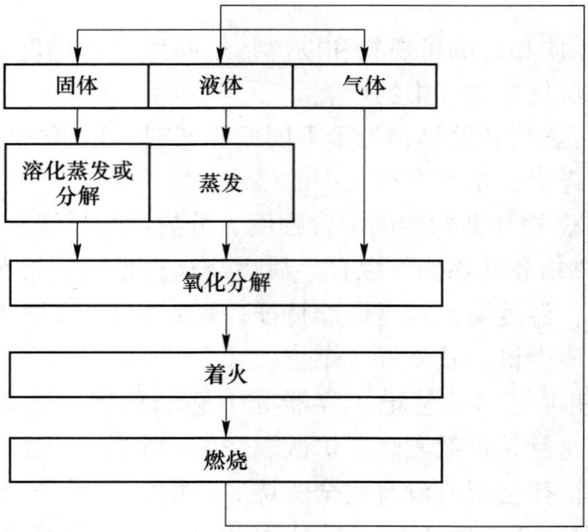

图 4-3 燃烧过程

（1）气体：最易燃烧，燃烧所需热量用于本身氧化分解并达到着火点，气体燃烧在极短时间内燃尽。

（2）液体：在火源作用下先蒸发成蒸气后氧化分解燃烧，液体燃烧消耗液体变为蒸发热。

（3）固体：简单物质受热首先熔化，而后蒸发为蒸气及进行燃烧，复合物质受热首先分解，生成气态和液态产物，而后气态和液态产物蒸气着火燃烧。

4.2.2 燃烧的活化能理论

如图4-4所示，燃烧的活化能理论认为，燃烧是一种化学反应，反应物分子间的相互碰撞是发生化学反应的前提。然而，并非每次碰撞都能导致预期的化学反应发生；事实上，绝大多数的碰撞都无果而终，只有极少数碰撞是有效的，发生了有效碰撞的分子间才有可能发生化学反应。这部分分子叫作活化分子，其在能量上要比分子平均能量高，要超出一截，这个超出的定值就是活化能。

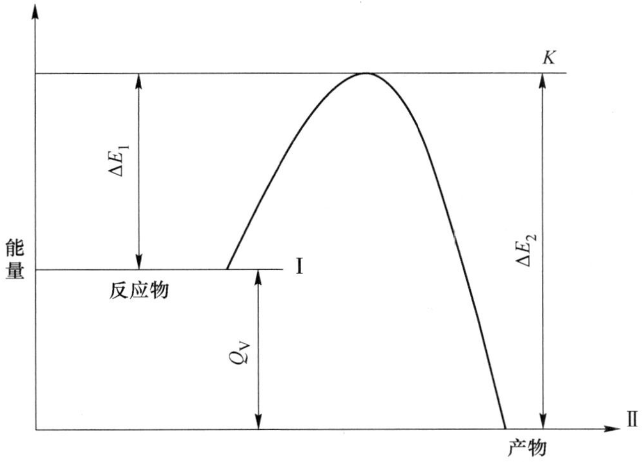

图4-4 燃烧的活化能理论

4.2.3 燃烧的过氧化物理论

物质分子可以在一定的条件下，被包括热能、电能、辐射能、化学反应能等在内的各种外界能量所活化，转变为易于参加进一步化学反应的活性物质。燃烧的过氧化物理论（见图4-5）借鉴了这个说法，认为在有氧参与的燃烧反应中，氧分子首先被热能活化，将其双键中的一个化学键打开而形成过氧自由基，过氧自由基与可燃物加合生成过氧化物，过氧化物不稳定且具有极强的氧化性，在受热、撞击、摩擦等外界激发条件下，很容

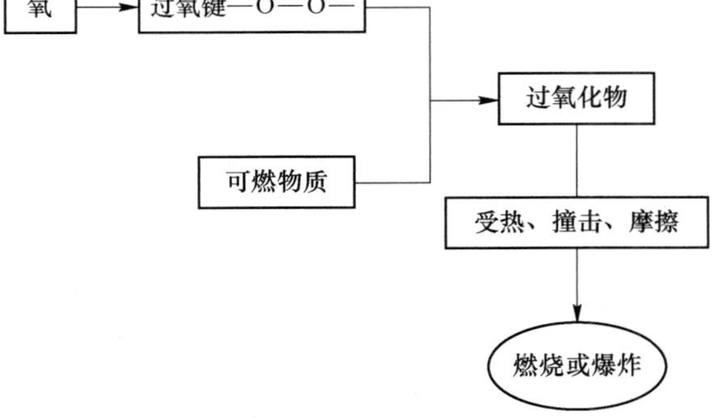

图4-5 燃烧的过氧化物理论

易发生分解、燃烧、爆炸，或是进一步与可燃物发生氧化反应并形成最终的氧化产物。

如氢和氧的燃烧反应，首先生成过氧化氢，而后过氧化氢与氢反应生成水。反应式如下：

$$H_2 + O_2 \longrightarrow H_2O_2$$

$$H_2O_2 + H_2 \longrightarrow 2H_2O$$

有机过氧化物可视为过氧化氢的衍生物，即过氧化氢 H—O—O—H 中的一个或两个氢原子被烷基所取代，生成 H—O—O—R 或 R—O—O—R′。过氧化物是可燃物质被氧化的最初产物，是不稳定的化合物，极易燃烧或爆炸。

4.2.4 燃烧的连锁反应理论

在燃烧反应中，气体分子间互相作用，往往不是两个分子直接反应生成最后产物，而是分子通过活化产生的活泼自由基与分子间的作用，活泼自由基与另一个分子作用产生新的自由基，新自由基又迅速参加反应，如此延续下去形成一系列连锁反应。连锁反应通常分为直链反应和支链反应两种类型，如图 4-6 所示。

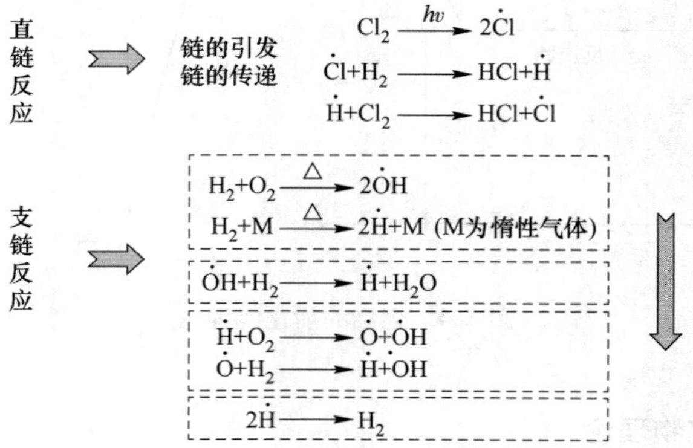

图 4-6 燃烧的直链、支链反应

4.3 燃烧的特征参数

4.3.1 燃烧温度

可燃物质燃烧所产生的热量在火焰燃烧区域释放出来，火焰温度即是燃烧温度。表 4-1 列举了部分可燃物质的燃烧温度。

表 4-1 可燃物质燃烧温度 （℃）

物质	温度	物质	温度	物质	温度	物质	温度
甲烷	1800	乙醇	1180	汽油	1200	氢气	2130
乙烷	1895	乙醚	2861	煤油	700 ~ 1030	煤气	1600 ~ 1850
乙炔	2127	丙酮	1000	重油	1000	木材	1000 ~ 1170
甲醇	1100	原油	1100	烟煤	1647	镁	3000

续表 4-1

物质	温度	物质	温度	物质	温度	物质	温度
钠	1400	硫	1820	天然气	2020	燃着香烟	700～800
石蜡	1427	二硫化碳	2195	石油气	2120	橡胶	1600
一氧化碳	1680	液化气	2100	火柴火焰	750～850		

4.3.2 燃烧速率

4.3.2.1 气体燃烧速率

气体燃烧速率指燃烧表面的火焰沿垂直于表面的方向向未燃烧部分传播的速率，也常用火焰传播速率表示。在大多数火灾和爆炸情况下，已燃和未燃气体都在运动，火焰传播速率等于燃烧速率和整体运动速率的和。表 4-2 列举了烃类气体在空气中的最大燃烧速率。

表 4-2 烃类气体在空气中的最大燃烧速率

气 体	体积分数/%	速率/m·s^{-1}	气 体	体积分数/%	速率/m·s^{-1}	气 体	体积分数/%	速率/m·s^{-1}
甲烷	10.0	0.338	丙烯	5.0	0.438	苯	2.9	0.4446
乙烷	6.3	0.401	1-丁烯	3.9	0.432	甲苯	2.4	0.338
丙烷	4.5	0.390	1-戊烯	3.1	0.426	邻二甲苯	2.1	0.344
正丁烷	3.5	0.379	1-己烯	2.7	0.421	1,2,3-三甲苯	1.9	0.343
正戊烷	2.8	0.385	乙炔	10.1	1.41	正丁苯	1.7	0.359
正己烷	2.5	0.368	丙炔	5.9	0.699	叔丁基苯	1.6	0.366
正庚烷	2.3	0.386	1-丁炔	4.4	0.581	环丙烷	5.0	0.495
2,3-二甲基戊烷	2.2	0.365	1-戊炔	3.5	0.529	环丁烷	3.9	0.566
2,3,4-三甲基戊烷	1.9	0.346	1-己炔	3.0	0.485	环戊烷	3.2	0.373
正癸烷	1.4	0.402	1,2-丁二烯	4.3	0.580	环己烷	2.7	0.387
乙烯	7.4	0.683	1,3-丁二烯	4.3	0.545	环己烯		0.403

4.3.2.2 液体燃烧速率

液体燃烧速率取决于液体的蒸发，其燃烧速率有两种表示方法：（1）质量速率，每小时每平方米燃烧液体的质量，单位为 kg/(m^2·h)；直线速率：每小时烧掉可燃液层的高度，单位为 m/h。图 4-7 展示了液体燃烧的场景。

4.3.2.3 可燃固体的燃烧速率

可燃固体的燃烧速率取决于燃烧比表面积，即燃烧表面积与体积的比值越大，燃烧速率越大，反之，则燃烧速率越小。图 4-8 展示了固体燃烧的场景。

图 4-7 液体燃烧

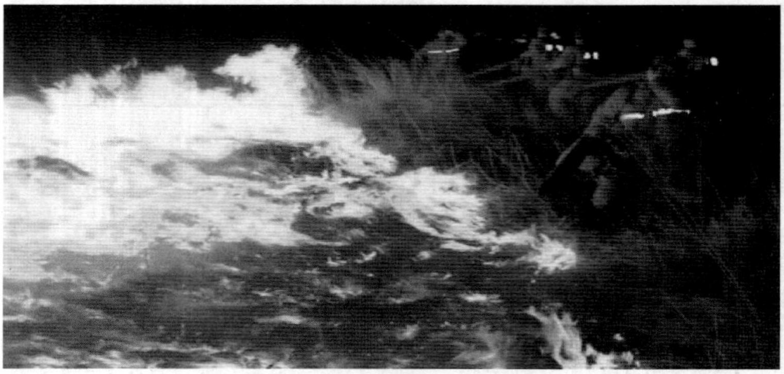

图 4-8 固体燃烧

4.3.3 燃烧热

燃烧热是指单位质量的物质在 25 ℃的氧中燃烧释放出的热量。表 4-3 为常见可燃气体的燃烧热。

表 4-3 可燃气体燃烧热

气体	高热值		低热值		气体	高热值		低热值	
	kJ/kg	kJ/m³	kJ/kg	kJ/m³		kJ/kg	kJ/m³	kJ/kg	kJ/m³
甲烷	55723	39861	50082	35823	丙烯	48953	87027	45773	81170
乙烷	51664	65605	17279	58158	丁烯	48367	115060	45271	107529
丙烷	50208	93722	46233	83471	乙炔	49848	57873	48113	55856
丁烷	49371	131336	45606	108366	氢	141955	127701	119482	10753
戊烷	49762	149787	45396	133888	一氧化碳	10155	12694		
乙烯	49857	62354	46631	58283	硫化氢	16778	25522	15606	24016

高热值是指单位质量的燃料完全燃烧，生成的水蒸气全部冷凝成水时所放出的热量；低热值是指生成的水蒸气不冷凝时所放出的热量。

4.4 爆炸及其类型

4.4.1 爆炸概述

爆炸是物质发生急剧的物理、化学变化，瞬间释放出大量能量并伴有巨大声响的一种过程，爆炸的本质其实就是体系压力的急剧变化，其通常的表现形式为大量气体的瞬间生成与急速膨胀，以及空气震动造成的巨大声响。化工企业中发生的爆炸极具破坏性，常常伴随着高压、高热、真空、电离等极端过程，会给各种化工装置、设备、机械等带来巨大的破坏作用，造成严重的人员伤亡和财产损失。

4.4.2 爆炸分类

（1）按爆炸性质分类可分为物理爆炸和化学爆炸。

1）物理爆炸：物质的物理状态或物理因素（如温度、体积、压力）发生急剧变化而引起的爆炸，如蒸汽锅炉、压缩气体、液化气体过压等引起的爆炸。图 4-9 为锅炉的爆炸现场。

图 4-9 锅炉的爆炸

根据估算，60 kg 的水，在 5.065×10^5 Pa 的时候，就相当于 1 kg 火药的爆炸能力；一个 20 t 水容量的锅炉，在 5.065×10^5 Pa 的时候，就有约 330 kg 火药的爆炸能力。

2）物理爆炸原因分析：

① 安全附件失灵：安全阀不启动，超压报警失灵，高低水位报警失灵。所以，锅炉的安全附件必须按规定定期校验。

② 锅炉自身有缺陷：承压部件老化、强度减弱，或有渗漏、腐蚀、变形、水垢等缺陷时，不及时检修以消除隐患，而是让锅炉“带病运行”。所以锅炉必须按国家要求进行定期检验。

③ 管理差，司炉人员无责任心或水平低下，造成误操作。所以司炉人员必须按规定

取得操作证。

3）化学爆炸（见图 4-10）：物质发生急剧化学反应，产生高温高压而引起的爆炸。叠氮化铅、乙炔银、碘化氮、氯化氮等的爆炸为爆炸物分解爆炸，各种氮或氯的氧化物、苦味酸的爆炸为爆炸物与空气的混合爆炸。

图 4-10 化学爆炸

（2）按爆炸速度分类

1）轻爆：爆炸传播速度在每秒零点几米至数米之间的爆炸过程。

2）爆炸：爆炸传播速度在每秒十米至数百米之间的爆炸过程。

3）爆轰：爆炸传播速度在每秒一千米至数千米以上的爆炸过程。

（3）按爆炸反应物质分类为纯组元可燃气体热分解爆炸、可燃气体混合物爆炸、可燃粉尘爆炸、可燃液体雾滴爆炸、可燃蒸气云爆炸。

4.4.3 常见爆炸类型

（1）气体爆炸。

1）纯组元气体分解爆炸：具有爆炸特性的气体分解时产生相当数量的热量。摩尔分解热达到 80 ~ 120 kJ 的气体一旦引燃火焰就会蔓延开来，摩尔分解热高过上述量值的气体，能够发生很激烈的分解爆炸。

高压乙炔分解爆炸方程为：

$$C_2H_2 \longrightarrow 2C(\text{固}) + H_2 + 226\ \text{kJ} \tag{4-1}$$

2）混合气体爆炸：可燃气体或蒸气与空气按一定比例均匀混合，而后点燃，因为气体扩散过程在燃烧以前已经完成，燃烧速率将只取决于化学反应速率；可燃性混合物的爆炸和燃烧之间的区别就在于爆炸是在瞬间完成的化学反应，如图 4-11 所示。

（2）粉尘爆炸。

任何可燃物质，当其成粉尘形式与空气以适当比例混合时，被热、火花、火焰点燃，都能迅速燃烧并引起严重爆炸。

（3）熔盐池爆炸。

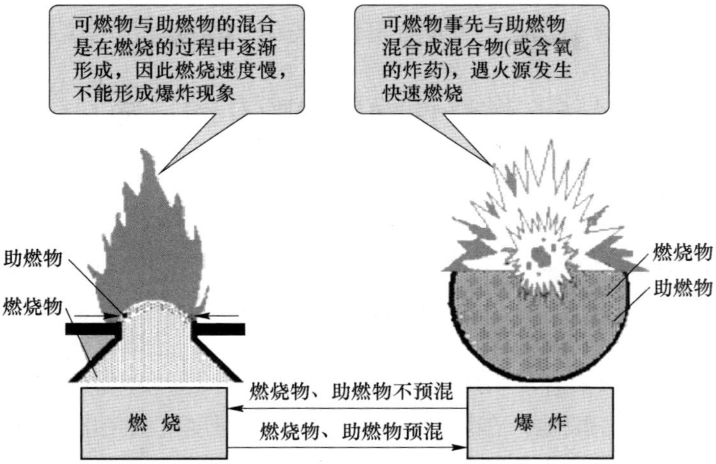

图 4-11 爆炸与燃烧

熔盐池爆炸大多是由于管理和操作人员对熔盐池的潜在危险疏于认识引起的，机械故障、人员失误或两者的复合作用，都有可能导致熔盐池的爆炸。

4.5 爆炸极限理论与计算

4.5.1 爆炸极限理论

（1）可燃气体或蒸气与空气的混合物并不是在任何混合比例下都可燃烧或爆炸，而是只有在一定的浓度范围内才能被点燃或引爆，发生燃烧或爆炸现象，当浓度高于或低于某个极限值时，火焰便不再蔓延，这个浓度范围就叫作爆炸极限。

（2）爆炸下限（$L_{下}$）：可燃气体或蒸气与空气的混合物能使火焰蔓延的最低浓度，称为该气体或蒸气的爆炸下限。混合气体浓度在爆炸下限以下时含有过量空气，由于空气的冷却作用，活化中心的消失数大于产生数，阻止了火焰的蔓延。

（3）爆炸上限（$L_{上}$）：可燃气体或蒸气的混合物能使火焰蔓延的最高浓度，成为该气体或蒸气的爆炸上限，混合气体浓度在爆炸上限以上时，含有过量的可燃气体，助燃气体不足，火焰也不能蔓延。

（4）爆炸极限的表示方法：用可燃气体或蒸气在混合气体中的体积分数表示，有时也用单位体积可燃气体的质量表示，单位为 kg/m^3。

4.5.2 影响爆炸极限的因素

（1）初始温度：初始温度越高，分子内能增大，反应容易进行，爆炸极限范围越大，其爆炸性危险性也就越大。

（2）初始压力：初始压力增加，爆炸极限范围扩大，分子碰撞概率增加，反应容易进行。

（3）惰性介质或杂质：惰性气体量增加，爆炸范围缩小，说明杂质影响很大。

（4）容器材质和尺寸：容器管道直径越小，爆炸范围就越小。

（5）点火源：能量大小、点火源表面积和其与爆炸性混合物的接触时间。

4.6 燃烧性物质的贮存和运输

4.6.1 燃烧物质概述

（1）所有的燃烧过程都是在氧和处于蒸气或其他微细分散状态的燃料之间进行的；固体只有加热到一定程度释放出足够量的蒸气才能引发燃烧；一定温度下，液体一般比固体有更高的蒸气压，所以易燃液体比易燃固体更容易引燃；易燃气体和易燃粉尘无须溶解或蒸发而直接燃烧，所以最容易引燃。氧化剂本身不属于燃烧性物质。

（2）易燃性物质：一般地，在等于或低于 38 ℃的温度范围便能引燃。

（3）可燃性物质：温度必须加热到 38 ℃以上才能引燃。

（4）按闪点和沸点分 3 类（全美消防协会）。

1）易燃液体：

IA 类（易燃）：闪点 <22.8 ℃，沸点 <37.8 ℃；

IB 类：闪点 <22.8 ℃，沸点≥37.8 ℃；

IC 类：22.8 ℃≤闪点 <37.8 ℃。

2）可燃液体：

Ⅱ类（易燃）：37.8 ℃≤闪点 <60 ℃；

ⅢA 类：60 ℃≤闪点 <93.4 ℃；

ⅢB 类：闪点≥93.4 ℃。

4.6.2 燃烧性物质的危险性

（1）燃烧过程的一般解释：物质蒸发并被加热至自燃点，在极短的时间内以包含许多自由基的链反应的形式与氧化合。所以燃料、氧和热（即火源）构成了燃烧的三个基本要素。

（2）化工防火安全：将燃烧性物质与所有的火源隔离。例如：即使很小的火焰（环境温度 20 ℃）在甲醇开口容器上方通过，甲醇液面上的蒸气会立即起火，在同样条件下醋酸和萘却不会起火；醋酸稍微加热，产生足够量的蒸气，便会引燃，而萘则需进一步加热才会引燃。

（3）可燃固体粉尘具有严重的爆炸危险。粉尘、爆炸 5 个要素为：氧气、可燃性粉尘、点火源、扩散和受限空间，如图 4-12 所示。

（4）微细分散状态的聚合物、金属和非金属元素，煤、谷物、糖等天然产物的粉尘，棉花的纤维都有严重的爆炸危险。

（5）易燃蒸气浓度低于燃烧下限时，蒸气分子间距离较大，有效碰撞次数锐减，释放出的反应热减少，过量的空气还吸收部分反应热，不足以把没有燃烧的易燃物质引燃。当其浓度高于燃烧上限时，易燃气体过量而不能完全燃烧，也不足以把周围的易燃物质引燃。当蒸气浓度在燃烧上下限附近时，燃烧扩散很慢；当浓度接近燃烧范围的中点，特别是达到反应式的化学计量浓度时，燃烧传播速率加快，能量释放加剧。了解化工生产中蒸气浓度在燃烧范围之上、之下还是之中，对安全管理意义重大。

（6）在空气或其他氧化性气氛中，燃料只有被加热到足以诱发连锁反应时，燃烧才会发生。火焰、热表面和电火花是三种最常见的火源。

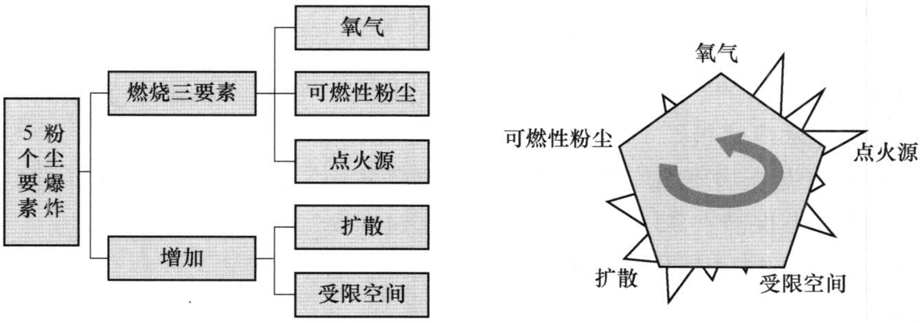

图 4-12　粉尘爆炸 5 个要素

4.6.3　燃烧性物质的贮存安全

4.6.3.1　贮存安全的一般要求

（1）燃烧性气体不得与助燃物质、腐蚀性物质共同贮存，应储存在通风良好、远离明火的区域。

（2）燃烧性液体较易挥发，应贮存于通风良好的清凉处，并与明火保持一定距离。

（3）燃烧性固体着火点较低，燃烧多数能释放出有毒气体，其贮存库应干燥、清凉、有隔热措施、忌阳光暴晒。

（4）自燃物质应贮存在清凉、通风、干燥的库房内，对存贮温度也有严格的要求。

4.6.3.2　易燃液体贮存的安全要求

（1）易燃液体应贮存于通风阴凉处，并与明火保持一定的距离，在一定区域内严禁烟火。

（2）沸点低于或接近夏季气温的易燃液体，应贮存于有降温设施的库房或贮罐内，盛装易燃液体的容器应保留不少于5%容积的空隙，夏季不可暴晒。

（3）闪点较低的易燃液体，应注意控制库温。气温较低时容易凝结成块的易燃液体受冻后易使容器胀裂，故应注意防冻。

（4）易燃、可燃液体贮罐分地上、半地上和地下 3 种类型。地上贮罐不应与地下或半地下贮罐布置在同一贮罐组内。贮罐组内贮罐的布置不应超过两排。在地上和半地下的易燃、可燃液体贮罐的四周应设置防火堤。

4.6.3.3　易燃固体贮存的安全要求

（1）贮存易燃固体的仓库要求阴凉、干燥，要有隔热措施，忌阳光照射，易挥发、易燃固体应密封堆放，仓库要求严格防潮。

（2）易燃固体多属于还原剂，应与氧和氧化剂分开贮存。有很多易燃固体有毒，故贮存中应注意防毒。

4.6.3.4 自燃物质贮存的安全要求

（1）自燃物质不能与易燃液体、易燃固体、遇水燃烧物质混放贮存，也不能与腐蚀性物质混放贮存。

（2）自燃物质在贮存中，对温度、湿度的要求比较严格，必须贮存于阴凉、通风干燥的仓库中，并注意做好防火、防毒工作。

4.6.3.5 遇水燃烧物质贮存的安全要求

（1）遇水燃烧物质的贮存应选用地势较高的地方，在夏令暴雨季节保证不进水，堆垛时要用干燥的枕木或垫板。

（2）贮存遇水燃烧物质的库房要求干燥，要严防雨雪的侵袭。库房的门窗可以密封。库房的相对湿度一般保持在75%以下，最高不超过80%。

（3）钾、钠等应贮存于不含水分的矿物油或石蜡油中。

4.6.3.6 燃烧性物质的盛装容器

（1）一般盛装于200 kg以下的容器中，工厂和实验室都倾向于使用容量20 kg以下的安全罐。

（2）优先选用金属容器，金属制桶装容器有铁桶、马口铁桶、镀锌铁桶、铅桶等，规格为200 kg或更小，用来盛装一般的可燃性物质，如图4-13所示。

（3）耐酸坛用来盛装硝酸、硫酸、盐酸等强酸。

图4-13 金属制桶装容器

4.6.3.7 大容量燃烧性液体贮罐

（1）贮存大容量燃烧性液体采用大型贮罐，贮罐分为地下、半地下、地上3种类型。起火、爆炸是其最主要的危险。

（2）为了贮存安全，所有贮罐在安装前必须试压、检漏，贮罐区要有充分的救火设施。

4.6.3.8 事故案例

（1）2017年4月21日上午10点左右，重庆市涪陵区石坨镇龙海石化一个储藏罐发生爆炸并引发大火。大火已经扑灭，爆炸并未造成人员伤亡。事故系3名工作人员违规操作所致。

事故原因是2017年4月21日上午9点多的时候，负责区域内设施维修的工作人员在进行罐体阀门的切割作业，属违规用火，巡检人员当即进行了制止。巡检人员离开后，3

位工作人员继续违规用火。当时，容量为 5000 m^3 的污水处理罐，装了高约两米、体积约 500 m^3 的含油废水，因为水的表面有少量浮油，加上前几天天气较热，浮油在罐体内有所汽化，违规用火直接导致了瞬间燃烧。

（2）2018 年 3 月 1 日，唐山天良公司污水储罐起火，天良公司施工人员在公司苯加氢车间实施污水储罐罐顶施工作业后，清理施工工具时产生火花致使污水储罐起火，导致 5 名工人 4 人死亡、1 人受伤。

（3）2018 年 3 月 20 日，Tankstore 石油公司在新加坡布星岛（Pulau Busing）码头的终端站燃油储罐（T454）发生火灾事故，事故未造成人员伤亡，大火在 6 小时后被扑灭。据报道，可能是雷击引起储罐着火。

4.6.4　燃烧性物质的装卸和运输及事故案例思政要点

燃烧性物质的装运途径：火车车厢、货运卡车经陆路，如图 4-14 所示；内河中的驳船、海洋中的货轮经水路；由管道经地下中转或抵达目的地。

图 4-14　货运卡车

4.6.4.1　车船运输安全

（1）火车装运应按交通运输部《危险货物道路运输规则》办理。

（2）汽车装运应按规定的时间、规定的路线和车速行驶，停车时应与其他车辆、高压电线、明火和人口稠密处保持一定的安全距离。

（3）船舶装运，在航行和停泊期间应与其他船只、码头仓库和人烟稠密区保持一定的安全距离。

案例 1　京沪高速江苏淮安段 2005 年“3·29”事故

（1）时间：2005 年 3 月 29 日 19 时许。

（2）地点：京沪高速公路南行线沂淮江段 103 km 500 m 处。

（3）经过：一辆装运 40.44 t 液氯（核载 15 t）罐式半挂货车因左前轮突然爆胎，方向失控撞毁中央护栏，冲入对向车道并发生侧翻，与对向驶来的半挂车碰撞，液氯罐车所载液氯泄漏。

（4）后果：事故造成29人中毒死亡，456人中毒住院治疗，1867人门诊留治。

（5）思政要点：要熟悉急性职业中毒现场急救的常用设施，掌握现场急救的准备内容，提高生产中工业毒物的防范意识，培养“生命至上”的价值观和团队合作精神。

案例2　京珠高速河南信阳段2011年“7·22”事故

（1）时间：2011年7月22日3时43分。

（2）地点：京珠高速河南省信阳段938 km115 m处。

（3）经过：一辆大型卧铺客车在行驶过程中突然发生爆燃，客车继续前行145 m，与道路中央隔离护栏剐蹭碰撞后停车。

（4）后果：事故造成41人死亡、6人受伤，客车烧毁，直接经济损失2342.06万元。

（5）思政要点：此次事故是因为在没有任何安全防护的情况下，违法运输了15箱共300 kg的易燃危险化学品偶氮二异庚腈，我们要严格遵守安全规定，提高安全意识。

案例3　沪昆高速湖南邵阳段2014年“7·19”事故

（1）时间：2014年7月19日2时57分许。

（2）地点：沪昆高速湖南邵阳段1309 km 33 m处。

（3）经过：一辆自东向西行驶运载乙醇的轻型货车，与前方停车排队等候的大型普通客车发生追尾碰撞，轻型货车运载的乙醇瞬间大量泄漏起火燃烧，致使大型普通客车、轻型货车等5辆车被烧毁。

（4）后果：事故造成54人死亡、6人受伤（其中4人因伤势过重医治无效死亡），直接经济损失5300余万元。

（5）思政要点：该事故发生的原因有：驾驶员未按操作规范安全驾驶、公司违法运输和充装乙醇、履行企业安全监管职责不到位等。要了解危险化学品储存、运输相关的法律法规，熟悉法律法规的基本内容，提高法治意识，培养遵章守纪、严谨的工作态度，提高社会责任意识。

4.6.4.2　管道输送安全

高压天然气、液化石油气、石油原油、汽油或其他燃料油一般采用管道输送。

为保证安全输送，在管线上应安装多功能的安全设施，如有自动报警和关闭功能的火焰检测器、自动灭火系统以及闭路电视，远程监视管道运行。

4.6.4.3　装卸操作安全

（1）所有燃烧性物质的装卸都要配置相应的防火、防爆消防设施。

（2）装卸燃烧性固体，必须做到轻装、轻卸，防止撞击、滚动、重压和摩擦。

（3）燃烧性液体装卸时，液体蒸气有可能扩散至整个装卸区，因而需要有和整个装卸区配套的灭火设施。

4.7　爆炸性物质的贮存和销毁

4.7.1　爆炸性物质概述

爆炸性物质是指在一定温度、震动或受其他物质激发的条件下，能够在极短的时间内发生剧烈化学反应，释放出大量的气体和热量，并伴有巨大的声响而爆炸的物质。

按管理要求有8类爆炸物质：起爆器材和起爆剂；硝基芳香类炸药；硝酸酯类炸药；硝化甘油类混合炸药；硝酸铵类混合炸药；氯酸类混合炸药和高氯酸盐类混合炸药；液氧炸药；黑色火药。

爆炸性物质的爆炸反应速率极快，可在万分之一秒或更短的时间内完成；爆炸反应释放出大量的反应热，温度可达摄氏温度数千度；爆炸反应能够产生大量的气体产物；爆炸的高温高压形成的冲击波，能够使周围的建筑物和设备受到极大破坏。

引爆能是指爆炸性物质引爆所需要的能量；敏感度是指爆炸性物质在高热、震动、冲击等外力作用下发生爆炸的难易程度。爆炸性物质的引爆能越小，敏感度越高，对贮存、运输和使用的爆炸性物质都要对其敏感度有充分的了解。敏感度的大小与物质分子组成和结构因素、温度、杂质等有关，如硝基苯 < 二硝基苯 < 三硝基苯。

4.7.2 爆炸性物质的贮存

（1）贮存安全的一般要求：

1）爆炸性物质仓库，不得同时存放性质相抵触的爆炸性物质。

2）一切爆炸性物质不得与酸、碱、盐、氧化剂以及某些金属同库贮存。

3）爆炸物箱堆垛不宜过高，堆垛高度一般不超过1.8 m，墙距不小于0.5 m，垛与垛之间不少于1 m。

（2）贮存仓库及其防火。

1）爆炸性物质仓库地板应该是木板或其他不产生电火花的材料制造的；如果仓库是钢制结构或铁板覆盖，仓库则应该建于地上，保证所有金属构件接地。

2）仓库内照明应该是自然光线或防爆灯，如果采用电灯，必须是防蒸汽的，导线应该置于导线管内，开关应该设在仓库外。

（3）贮存仓库的位置和安全距离。

1）爆炸性物质仓库禁止设在城镇、市区和居民聚居的地区，与周围建筑物、交通要道、输电输气管线应该保持一定的安全距离。

2）爆炸性物质仓库与电站、江河堤坝、矿井、隧道等重要建筑物的距离不得小于60 m。

3）爆炸性物质仓库与起爆器材或起爆剂仓库之间的距离，在仓库无围墙时不得小于30 m，在有围墙时不得小于15 m。

表4-4所示为爆炸性物质贮存量与安全距离。

表4-4 爆炸性物质贮存量与安全距离

贮存量/kg		安全距离/m			
最小量	最大量	居民建筑物	铁路等	公路	其他仓库
0.9	2.3	21.3	9.1	9.1	1.8
2.3	4.5	27.4	10.6	10.6	2.4
4.5	9.1	33.4	13.7	13.7	3.0
9.1	13.6	38.0	15.2	15.2	3.3
13.6	18.1	42.6	16.7	16.7	3.6

4.7.3 爆炸性物质的销毁

爆炸性物质的销毁过程中处理变质的爆炸性物质，常比处理良好状况的爆炸性物质更具危险性；绝大多数爆炸性物质，推荐采用焚烧销毁；起爆器材和起爆剂一般采用爆炸销毁的方式；一些爆炸性物质能溶于水失去爆炸性能；一些爆炸性物质能与其他化学物质反应而分解。

4.8 燃烧和爆炸事故的调查分析

4.8.1 事故调查的目的和意义

在燃烧和爆炸的工艺技术领域，人们的认识往往存在滞后现象。例如 1880 年在英国伦敦，一条地下污水管道沼气泄漏引发火灾，使人类首次观察到了燃烧波的作用。在这之前，人们普遍按认为燃烧的传播并不比在本生灯的内焰中观察到的快多少。

对于燃烧和爆炸的本质和机理可以通过实验获得，但是燃烧和爆炸实验是破坏性试验，这种实验不仅耗资巨大，也有很多安全问题要充分考虑，况且燃烧和爆炸事故属于不可控过程，因此，可控的燃烧和爆炸实验与燃烧爆炸事故之间也不能等同。尤其是规模很大的燃烧和爆炸事故，其再生实验耗费巨大，所以，必须从已发生事故的调查中尽可能得到最大量的有价值的信息。即使是对不很严重的事故，也提倡进行详尽调查，形成调研报告并对其经验进行广泛推广。而人们往往倾向于重视较大灾难中显现出来的教训，而忽视从小事故中得到的教训，对那些基于实验事实或实验数据的纯理论预测，人们的反应则更加冷淡，这种态度是不可取的。

人们通过分析事故和反思认识到，事故的发生是具有其必然性和偶然性的，化工加工工业在经历了过去的许多灾难后，如今已经变得更加安全了一些，这是基于从经验中不断学习，增加安全知识和技能的结果。无疑通过对事故进行调查，获得经验教训并对此加以广泛推广，发挥了重要作用。从这个角度上说，对事故调查的意义远远超越了事故本身，它不但可以避免同类事故的发生，而且可以提供燃烧和爆炸作用的许多有价值的信息，有助于人类对于燃烧和爆炸本质的探索和认识。通过对事故的调查可以了解燃烧和爆炸过程及原因，从事故中汲取经验教训，学习和增长安全知识和技能。

4.8.2 事故调查的程序和步骤

（1）调查程序：经过时间考验受到高度评价的正规调查程序包括下面 7 个步骤：调查授权，事故初步了解，事故前实际情况调查，事故损坏检查，证人探访，研究和分析，准备调查报告。事故调查详细步骤如图 4-15 所示。

（2）调查授权和事故初步了解：调查授权是指调查者从上一级领导那里接受调查任务，在这一阶段，调查者得到的只是事故调查的总体指令和笼统的事故描述，没有太多的事故细节。

（3）事故前实际情况调查：实际情况可以分为“硬件”和“工艺过程”两部分；“硬件”即是设备和物料的运行状况，可以通过工程设计图纸和旧相片来获得（视频监

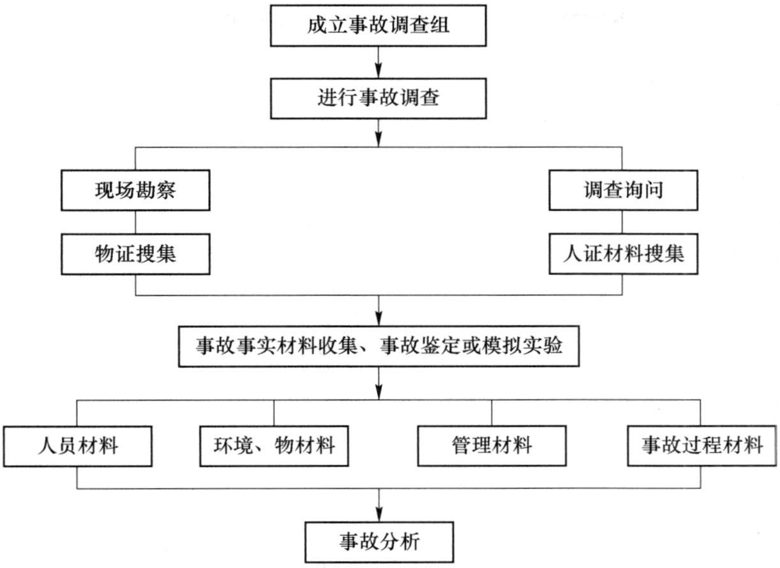

图 4-15　事故的调查程序和步骤

控）；对于工艺过程，可以调查相同的临近工厂，或与对工艺熟悉的证人进行讨论。

（4）损坏检查和证人探访：损坏详细调查的最初目的是找到事故的原发区，兼顾人的操作失误以及事故次生作用；对于损坏的程度，不能心存侥幸忽略目前无法解释的任何现象；目击者的证据是很有价值的。

（5）调查分析和报告：对于证据的分析，可以使用多种方法：化学分析或特定的实验；对于大型事故的调查报告，推荐采用主件和附件的正式呈文形式填写。

（6）事故调查报告内容：背景信息（事故单位的基本情况、事故发生时间地点、事故涉及人员及其他情况、职工伤亡事故登记表、操作人员及证人）；事故描述（事故发生顺序、破坏程度、人员伤亡及经济损失情况、事故的类型、事故性质、承载物或能量）；事故原因（直接原因、间接原因）；事故教训及预防事故发生的建议（采取措施、长期行动规划）；事故责任人的处理建议；事故调查组成员名单；其他需要说明的事项。

（7）事故调查分析的目的主要是为了弄清事故情况，从思想、管理和技术等方面查明事故原因，分清事故责任，提出有效改进措施，从中吸取教训，防止类似事故重复发生。

（8）事故调查分析的主要任务是：查清事故的发生和经过。即通过现场留下的痕迹，空间环境的变化，对事故见证人及受伤者的询问及对有关现象的仔细观察以及必要的科学实验等方式或手段来弄清事故发生的前后经过，并用简短文字准确表达出来。

（9）找出事故原因，即从人的因素、管理因素、环境因素以及机器设备本质安全因素等方面进行综合分析，找出事故发生的直接原因和间接原因。找出事故原因是事故调查分析的中心任务，分清事故责任。

（10）通过事故调查，划清与事故事实有关的法律责任，并对有关责任者提出处理建议，包括行政处分、经济处罚。构成犯罪的，由司法机关依法追究刑事责任。吸取事故教训，提出预防措施，防止类似事故重复发生，这是事故调查分析的最终目的。

（11）在分析事故原因时，应从直接原因（指直接导致事故发生的原因）入手，即从机械、物质或环境的不安全状态和人的不安全行为入手。确定导致事故的直接原因后，逐步深入间接原因方面（指直接原因得以产生和存在的原因，一般可理解为管理上的原因）进行分析，找出事故的主要原因，从而掌握事故的全部原因，分清主次，进行事故责任分析。事故间接原因主要按以下方面分析：技术上和设计上有缺陷，如工业构件、建筑物、机械设备、仪器仪表、工艺过程、操作方法、维修检验等的设计、施工和材料使用存在的问题；教育培训不够或未经培训，缺乏或不懂安全操作知识；劳动组织不合理；对现场工作缺乏检查或指导错误；没有安全操作规程或不健全；没有或不认真实施防范措施，对事故隐患整改不力。

4.8.3 事故调查分析案例

（1）企业概况。某化工厂于注册资金为 58 万元，建筑面积 1000 多平方米，职工 25 人，产品有无色促进剂、洗衣粉、过氧化甲乙酮、过氧化苯甲酸叔丁酯。

企业建有一座南北向 4 开间单层砖混结构的生产厂房和其他辅助用房。生产厂房内设两个车间：东面一间是过氧化甲乙酮车间，西面一间是过氧化苯甲酸叔丁酯车间，中间两间是洗衣粉车间。过氧化甲乙酮车间为一统开间，只有南面一扇双开门，西面靠南墙有一条过道与其他车间相通，合成、过滤、配制、包装等均在这一个开间内，没有任何隔离。

过氧化甲乙酮和过氧化苯甲酸叔丁酯车间的厂房及工艺设备系自行改造、安装，均未经具有化工专业资质的单位设计和施工安装。

（2）事故经过。2002 年 1 月 3 日 07:30，过氧化甲乙酮车间 1 号釜开始生产第 1 批号产品；08:30，2 号釜开始生产第 2 批号产品。

当天上午回收来的 10 桶（250 kg）不合格过氧化甲乙酮（退货产品）临时堆放在邻间的洗衣粉车间内。约 12:00，2 号釜开始生产第 5 批号产品。

此时，在配制作业点上有 21 桶（525 kg）半成品，在合成釜西侧地面手推车上有 275 kg 成品。12:25 左右，运料工袁某看到 2 号釜加料口冒出大量橘黄色烟雾并冲出料液，瞬间燃烧爆炸，大约 15 min 后，洗衣粉车间发生更猛烈的爆炸，除西面过氧化苯甲酸叔丁酯车间外，整个厂房坍塌，造成过氧化甲乙酮车间当班的 4 名作业人员死亡。

（3）事故原因。

1）直接原因：

① 操作不当使合成釜内物料剧烈反应导致冲料，在釜外发生可燃性气液夹带物产生静电火花引起可燃性混合气体燃烧爆炸。

② 车间结构不合理，从而使可燃性混合气体燃烧爆炸导致车间内存有的约 800 kg 过氧化甲乙酮成品和半成品发生持续燃烧。

③ 临时堆放在邻间的 10 桶不合格过氧化甲乙酮遇爆炸和持续燃烧，产生分解，发生更猛烈的爆炸。

2）间接原因：

① 化工厂车间厂房及工艺设备均未经具有化工专业资质的单位设计和施工安装，不具备危险化学品生产的基本条件。

② 企业没有相应的安全生产管理制度和操作规程，没有事故应急救援预案。

③ 作业人员没有经过危险化学品安全培训教育，对突发事故应急处理能力差。

④ 政府有关基层组织和职能部门监管不力，对辖区内危险化学品生产企业存在的问题和严重事故隐患没有给予有力的监督和及时查处。

3）问题：

① 每起事故分析时，都分析直接原因和间接原因，怎样区分直接原因和间接原因？

② 这起事故结案归档材料应包括哪些资料？

直接原因：机械、物质或环境的不安全状态；人的不安全行为。

间接原因：技术和设计上有缺陷——工业构件、建筑物、机械设备、仪器仪表、工艺过程、操作方法、维修检验等的设计、施工和材料使用存在问题；教育培训不够、未经培训、缺乏或不懂安全操作技术知识；劳动组织不合理；对现场工作缺乏检查或指导错误；没有安全操作规程或不健全；没有或不认真实施事故防范措施，对事故隐患整改不力；其他。

4）这起事故结案归档材料如下：

① 职工伤亡事故登记表。

② 职工死亡、重伤事故调查报告书及批复。

③ 现场调查记录、图纸、照片。

④ 技术鉴定和试验报告。

⑤ 物证、人证材料。

⑥ 直接和间接经济损失材料。

⑦ 事故责任者的自述材料。

⑧ 医疗部门对伤亡人员的诊断书。

⑨ 发生事故时的工艺条件、操作情况和设计资料。

⑩ 处分决定和受处分的人员的检查材料。

⑪ 有关事故的通报、简报及文件。

⑫ 注明参加调查组的人员姓名、职务、单位。

4.8.4 燃烧和爆炸分析及事故案例思政要点

（1）燃烧分析包括损坏分布可以提供火源区域的有力证据；火灾后容器的状况可以提供燃烧时间长短的有价值的证据；化工厂多数火灾火温不超过 1000 ℃。

（2）爆炸分析。

1）爆炸作用表现模式：内压增加导致容器破裂，影响因素主要包括强度因素、容器壁的状况、内压的增加速率。

2）物理过压：破裂的起始点往往在容器潜在的薄弱点处，液压过压产生的发射物比气压过压产生的发射物要少。

3）单一容器系统气相爆炸：火焰扩散速度常为亚声速，爆炸应力是均匀分布，破裂模式与物理过压破裂模式类似，破裂一般出现在薄弱环节。复合容积系统气相爆炸是指当气相爆炸在互相连通的容器内扩散时，最严重的损坏总是发生在远离火源处，压力会突然增至通常过程压力的 100 倍以上。

4）气体爆轰通常发生在管道或高径比较大的容器内，最大损坏也发生在远离火源处；爆轰本身会突然改变方向；爆轰产的爆裂是纵向的，所以管道断片一般是长条形的。

5）无约束蒸气云爆炸。无约束蒸气云爆炸是由于泄漏的气体或者泄漏出的液体燃料蒸发为蒸气，并与周围大气混合形成可燃混合物，在无限大气中扩散，形成很大面积的可燃气云，一旦遇到点火源，此云层即发生大面积的爆炸。

（3）火源分析包括燃烧或爆炸始发区域；最先起火物质提供火源特征启示；确定初始火源。初始火源被认为是所有调查的最终目的。固相火灾的火源更容易识别，而气相起火火源识别难度大。

案例1　氧气瓶充装爆炸事故

（1）事故案例：2003年1月16日上午12时许，一位氧气代充客户到江都区某工业气体充装站充装气，共6只氧气瓶。充装工将氧气瓶卸下后，先将30只氧气瓶分两组各15只进行充装。12点50分左右，其中一组充装结束，现场充装工关掉充装总阀，紧接着就开始卸充装夹具，当充装工卸下第3只气瓶夹具时，其中一只气瓶发生了爆炸，一名充装客户当场炸死在充装台上，一名操作人员受伤。该站共有6间充装间，每站站房长4 m，宽6 m。充装间设有30个充气头，气瓶爆炸后，后浪把主充装间的防火墙推倒，把充装间充装管线全部炸坏，窗子的玻璃被震碎，充装间屋面全部掀光。爆炸气瓶被炸成3块，大块重29 kg，中块重23.5 kg，小块重3.5 kg，气瓶爆炸后3.5 kg的小块瓶片从屋内飞到充装站围墙外的麦田里，距爆炸点有35 m。

（2）事故原因。

1）直接原因：从现场取证情况和查阅有关资料分析，意见如下：对该站储罐内剩余液氧，邀请了扬子石化西欧气体有限公司有关专家进行现场取样，并带回南京分析，结果确认该储罐内液氧合格，排除了气源不合格的因素；根据爆炸碎片上原有的气瓶制造和检验标记，从无缝气瓶检验站查阅该瓶检验报告，得知该瓶检验合格，并在检验有效期范围内，排除了过期瓶充装的因素；在爆炸现场，发现该瓶主体被炸成3块（后在清理过程中发现颈圈），经称重约为56 kg，与检验报告上称重量相符，一块重约3.5 kg的碎片飞离充装站围墙外，距爆炸点约为35 m。又从爆炸碎片中发现，瓶体内中下部一侧表面有一段400 mm×150 mm范围的金属烧熔痕迹，并留下了金属氧化物，这些情况都说明此次氧气瓶爆炸具有化学性爆炸的特征。

通过查阅相关资料和充装记录，并对现场进行勘察，同有关人员进行了询问、笔录，了解到充装台上的安全阀、压力表均在有效期内，有校验报告，当时充装压力为11.0 MPa。又对爆炸现场进行了清理，发现爆炸瓶右侧有3只瓶内尚有气体，现场进行压力测试，发现这3只瓶内均有压力，且在10.0 MPa左右，这就进一步排除了物理性爆炸的可能（不超压）；对上述3只气瓶采用吸耳球取样，并用着火烟头试验，发现烟并没有明显的助燃作用，无气体爆鸣，同时对1只气瓶又进行了压力测试显示为9.0 MPa。之后将3只瓶压力降至2.0 MPa左右，经可燃性气体报警仪测试，未发现瓶内有可燃性气体。

综上所述，该起事故是由于氧气瓶内混有其他可燃性物质（该可燃性物质为油脂类的倾向较大），该瓶内可燃性物质在充装过程中与氧气混合发生了化学性爆炸。

2）间接原因：安全管理制度执行得不够严格。根据气站有关气瓶充装管理制度规定，该充装站属于易燃易爆场所，非充装人员不允许进入气瓶充装站，而该站却允许充装客户进入气瓶充装场所，根据事故现场清理分析，右侧3只气瓶尚有气体，可能是死者参与了气瓶关阀操作，气站没有人发现，说明该站安全管理工作上还存在较多的薄弱环节；气站没有严格执行气瓶充装前安全检查的规定。按照国家气瓶充装有关规定，气瓶在充装前应进行外观检查，充装过程中还应不断对瓶体温进行逐个检查，目的是防止气瓶内混有其他可燃性物质，防止气瓶温度在充装中升高，这也是气瓶爆炸的重要原因之一。

(3) 事故教训。

1) 气体充装前，除严格执行外检工作外，还需要进行取样分析和充装过程中的检查，这是防止气瓶爆炸的重要措施。

2) 气站充装间必须严格执行闲人免进的安全管理制度。

3) 加强职工的安全培训教育，不断增强其安全意识和自我保护意识。

(4) 作业：既往的事故案例可以给出典型装置的风险源及可能存在的事故风险和范围。详细说明调查分析的目的和任务。

(5) 思政要点：要牢固树立安全意识，严格遵守行业准则和职业规范，努力提升自身素养，切勿因一时疏忽大意造成灾难性后果，明白生命的可贵与脆弱，珍惜生命，热爱生活。

案例2　充装氢气泄漏引发火灾事故

(1) 事故案例：2020年7月30日4时08分许，位于东莞市沙田镇立沙岛的东莞巨正源科技有限公司（以下简称“巨正源公司”）厂内南区PSA制氢装置装卸台1辆管束式集装箱在充装氢气过程中，充车软管断裂发生氢气泄漏进而引发火灾，造成直接经济损失21760元，未造成人员伤亡。

(2) 事故原因：事故软管质量不合格，充装过程中断裂，造成充装氢气泄漏。事故软管断裂后受压甩动，撞击装卸台管路产生点火源，引燃泄漏的氢气。

该事故处置工程中，发现氢气装车着火后，相关人员立即开启了丁烷、丙烯、丙烷等所有球罐的消防喷淋；通知公用工程装置开启消防水泵增压。处置得当，未造成人员伤亡。

(3) 思政要点：我们要始终坚持发展不能以牺牲人的生命为代价这条不可逾越的红线，全面彻底排查风险隐患，科学排序风险隐患，有效排除隐患化解风险，切实降低事故发生的机率。进一步压实企业主体责任，督促企业进一步加大安全生产投入，要始终把“安全第一、综合治理、预防为主”的理念贯穿到企业生产经营各环节，全面提升企业安全管理水平。一起事故的发生不仅是个人、家庭的损失更是社会的损失，我们要培养安全防护意识和技能，以高度的社会责任感来对待自己的专业。

4.9　火灾爆炸危险与防火防爆措施

4.9.1　物料的火灾爆炸危险

(1) 气体：爆炸极限和自燃点是评价气体火灾爆炸危险性的主要指标，气体的扩散性能对火灾爆炸危险性有重要影响。

【案例1】 2010年墨西哥湾原油泄漏事故的原因：英国石油公司租赁的位于美国墨

西哥湾的一座半潜式钻井发生可燃气体（硫化氢、天然气等）井喷，可燃气体摩擦生热，并产生静电，引起爆炸起火，引发原油大量泄漏。

【案例2】 2010年1月，兰州石化公司一个厂区发生爆炸着火事故的原因：由于罐体泄漏，致使现场可燃气体浓度达到爆炸极限，漏出的可燃气体产生静电，引发爆炸着火。6人死亡，1人重伤、5人轻伤、9人留院观察。

【案例3】 2010年7月，南京第四塑料厂厂区，发生可燃气体管道泄漏爆炸，并引发大火。5人死亡、28人重伤，另有100多人轻伤。

（2）液体：闪点和爆炸极限是液体火灾爆炸危险性的主要指标，沸点、液体的化学结构和相对分子质量对火灾爆炸危险性也有一定的影响。

【案例】 2008年8月26日，广西维尼纶集团有限责任公司巨量氯气泄漏，6个液氯罐（1 t/罐）发生爆炸，导致有机厂原料罐场、聚合醇解工段和合成工段等3个部位燃烧，进而引发其他分厂的连续爆炸。事故共造成20人死亡，60人受伤。

（3）固体：固体的火灾爆炸危险性主要取决于固体的熔点、着火点、自燃点、比表面积及热分解性能等。

【案例1】 各类炸药的制备、储存以及使用不当引起多起爆炸事故；各类粉尘（如纸粉、木粉）；合成材料（如塑料、染料镁粉）；煤炭；粮食（如小麦）；饲料；农副产品（如棉花、烟草）；林产品的爆炸事故。

【案例2】 2010年2月24日16时许，河北省秦皇岛骊骅淀粉股份有限公司淀粉四车间发生粉尘爆炸，如图4-16所示。

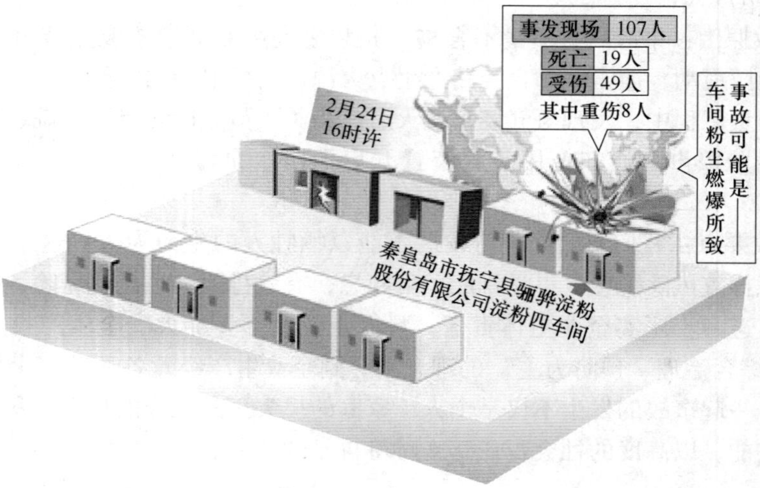

图4-16 淀粉车间爆炸事故示意图

4.9.2 化学反应的火灾爆炸危险

（1）氧化反应，所有含有碳和氢的有机物质都是可燃的，特别是沸点较低的液体被认为有严重的火险。

（2）水敏性反应：许多物质与水、水蒸气或水溶液发生放热反应，释放出易燃或爆炸性气体，如锂、钠、钾、钙等。

(3) 酸敏性反应：许多物质与酸和酸蒸气发生放热反应，释放出氢气和其他易燃或爆炸性气体，如砷、硒、碲和氰化物等。

4.9.3 工艺装置的火灾爆炸危险

(1) 化工企业的火灾与爆炸事故很多是对某些危险事物危险性认识不足引起的。

【案例1】 2008年初，浙江武义博阳实业有限公司发生火灾和燃爆事故，造成4人死亡。调查发现，该公司未经安全条件论证，擅自改变生产工艺，还存在工厂布局不合理、危险场所电气设备不防爆等严重问题。

【案例2】 2008年，云南昆明安宁市齐天化肥有限公司净化车间，发生硫化氢气体泄漏，造成6人中毒死亡、2人重伤、13人轻伤。事故直接原因是工艺设计存在缺陷，无相应的操作规程；磷酸槽顶未配备硫化氢尾气回收系统。经查，该生产线未经批准，擅自安装、改造设备进行生产造成事故。

(2) 分析化工装置的火灾和爆炸事故，可归纳以下原因：

1) 装置不适当：高压装置中高温、低温部分材料不适当；接头结构和材料不适当；有易使可燃物着火的电力装置；防静电措施不够；装置开始运转时无法预料的影响。

2) 操作失误：阀门的误开或误关；燃烧装置点火不当；违规使用明火。

3) 装置故障：贮罐、容器、配管的破损；泵和机械的故障；测量和控制仪表的故障。

4) 不停车检修：切断配管连接部位时发生无法控制的泄漏；破损配管没有修复，在压力下降的条件下恢复运转；加压条件下，某一物体掉到装置的脆弱部分而发生破裂；不知装置中有压力而误将配管从装置断开。

5) 异常化学反应：反应物质匹配不当；不正常的聚合、分解等；安全装置不合理。

4.9.4 防火防爆措施

(1) 防火防爆措施基本目的是把人员伤亡和财产损失降至最低限度；基本原则是预防发生、限制扩大、灭火熄爆；基本内容是对于易燃易爆物质的安全处理，以及对于引发火灾和爆炸的点火源的安全控制。

(2) 易燃易爆物质的安全处理。

1) 对于易燃易爆气体混合物，应该避免在爆炸范围以内作业，可采取以下措施：限制易燃气体组分的浓度在爆炸下限以下或爆炸上限以上；用惰性气体取代空气；把氧气浓度降至极限值以下。

2) 对于易燃易爆液体，加工时应避免使其蒸气浓度达到爆炸下限，可采取以下措施：在液面之上施加惰性气体覆盖；降低加工温度，保持较低的蒸气压，使其无法达到爆炸浓度。

3) 对于易燃易爆固体，加工时应避免使其蒸气浓度达到爆炸下限，可采取以下措施限制易燃气体组分的浓度在爆炸下限以下或爆炸上限以上：粉碎、研磨、筛分时，施加惰性气体覆盖；加工设备配置充分的降温设施，迅速移除摩擦热、撞击热；加工场所配置良好的通风设施，使易燃粉尘迅速排除不至于达到爆炸浓度。

（3）点火源的安全控制。

明火主要是指生产过程中的加热用火、维修用火及其他火源；摩擦与撞击；高温热表面；电气火花。

4.10 有火灾爆炸危险物质的加工处理

4.10.1 用难燃溶剂代替可燃溶剂

在萃取、吸收等单元操作中，用燃烧性能较差的溶剂代替易燃溶剂，会显著改善操作的安全性。

4.10.2 根据燃烧性物质的特性分别处理

（1）遇空气或遇水燃烧的物质，应该隔绝空气或采取防水、防潮措施，以免燃烧或爆炸事故发生。

（2）燃烧性物质不能与性质相抵触的物质混存、混用。

（3）遇酸、碱有分解爆炸危险的物质应该防止与酸碱接触。

（4）燃烧性液体或气体，根据它们的闪点、爆炸范围、扩散性等采取相应的防火防爆措施。

（5）自燃物质在加工、贮存时应采取通风、散热、降温等措施。

4.10.3 密闭和通风措施

应该减少法兰连接，尽量采用无缝管；对于加压或减压设备，在投产或定期检验时，应检查其密闭性和耐压程度；通风措施包括自然通风和机械通风，排风和送风。

4.10.4 惰性介质的惰化和稀释作用

惰性气体的保护作用是惰性气体稀释气体、蒸气或粉尘的爆炸性混合物，以抑制其燃烧或爆炸。

在易燃物料的加工中，惰性气体的用量取决于系统中氧的最高允许浓度。其公式（经验公式）如下：

$$V_X = \frac{21 - O}{O - O'}V \tag{4-2}$$

式中，V_X 为惰性气体用量，m^3；O 为查得氧的最高允许含量，%；V 为设备中原有的空气（含氧 21%）容积，m^3；O'为惰性气体中的氧含量，%。

4.10.5 减压操作

爆炸下限下的易燃蒸气的分压即为减压操作的安全压力。在减压操作条件下，干燥箱空气被溶剂蒸气排除消除爆炸条件。

4.10.6 化学工业污水中燃烧爆炸性物质的处理

在化学工业污水中，常混有易燃物质或可燃物质，很多这类溶剂（如苯、汽油等）

在水中的溶解度很小，且密度比水小，而浮于水面之上，形成一层易燃蒸气；性质相互抵触的不同废水排入同一水道，容易发生化学反应，导致事故。

4.11 燃烧爆炸敏感性工艺参数的控制

在化工生产中，工艺参数主要是指温度、压力、流量、物料配比等。严格控制工艺参数在安全限度以内是实现安全生产的基本保证。

4.11.1 物料配比和投料速率控制

（1）移出反应热：温度的控制可以靠传热介质的流动移走反应热来实现。方法有：加套冷却、内蛇管冷却或两者兼用，还有稀释剂回流冷却、惰性气体循环冷却。图4-17为换热器及其工作原理。

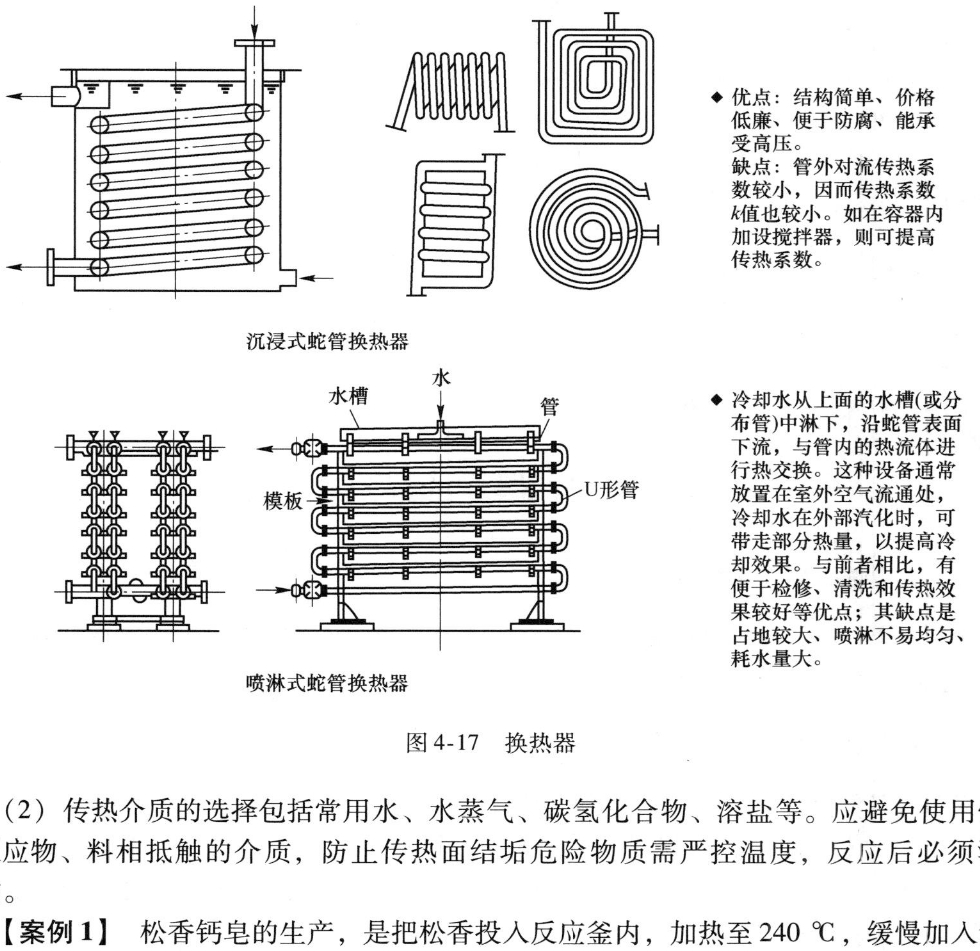

图4-17 换热器

（2）传热介质的选择包括常用水、水蒸气、碳氢化合物、溶盐等。应避免使用性质与反应物、料相抵触的介质，防止传热面结垢危险物质需严控温度，反应后必须清除垢物。

【案例1】 松香钙皂的生产，是把松香投入反应釜内，加热至240 ℃，缓慢加入氢氧化钙，生成目的产物和水。反应生成水在高温下变成水蒸气。投入的氢氧化钙如果过量，水的生成量也相应增加，生成的水蒸气量过多而容易造成跑锅，与火源接触有可能引发燃烧。注意：物料配比也包括催化剂的加入比例。

(3) 对于放热反应，投料速率不能超过设备的传热能力，否则物料温度将会急剧升高，引起物料的分解、突沸，造成事故。加料时如果温度过低，往往造成物料的积累、过量，温度一旦适宜反应加剧，加之热量不能及时导出，温度和压力都会超过正常指标，导致事故。应注意投料顺序。

【案例 2】 农药厂“保棉丰”反应釜，按工艺要求，在不低于 75 ℃的温度下，4 h 内加完 100 kg 双氧水。但由于投料温度为 70 ℃，开始反应速率慢加之投入冷的双氧水使温度降至 52 ℃，因此将投料速度加快，在 1 h 20 min 投入双氧水 80 kg，造成双氧水与原油剧烈反应，反应热来不及导出而温度骤升，仅在 6 s 内温度就升至 200 ℃以上，使釜内物料气化引起爆炸。某农药厂乐果生产硫化岗位，由于投料速度太快，硫化氢尾气来不及吸收而外逸，引起中毒事故。

4.11.2 物料成分和过反应的控制

化学反应中，反应物料中危险杂质的存在需清理干净；物料贮存和处理中，加入一定量的稳定剂；反应过程中要防止过反应的发生。

氰化氢在常温下呈液态，贮存时水分含量必须低于 1%，置于低温密闭容器中。如果有水存在，可生成氨，作为催化剂引起聚合反应，聚合热使蒸气压力上升，导致爆炸事故的发生。为了提高氰化氢的稳定性，常加入浓度为 0.001%~0.5% 的硫酸、磷酸或甲酸等酸性物质作为稳定剂或吸附在活性炭上加以保存。

4.11.3 自动控制系统和安全保险装置

自动控制系统，包括自动检测系统、自动调节系统、自动操纵系统，自动讯号、联锁和保护系统等。

安全保险装置包括信号报警、保险装置和安全联锁。

4.12 火灾和爆炸的局限化措施

4.12.1 火灾爆炸局限化概述

在化工生产中，火灾爆炸事故一旦发生，就必须采取局限化措施，限制事故的蔓延和扩散，把损失降低到最低限度。

4.12.2 安全装置和局限化设施

安全装置包括成分控制装置、温度控制装置和火源切断装置，另外有异常抑制装置则包括防止火焰传播的装置、控制聚合或分解的装置、预防着火的装置；局限化设施包括泄压、截流和应急设施等；阻火设施包括安全液封、阻火器和单向阀等；防爆设施包括安全阀、爆破片、防爆片和放空管。

4.12.3 火灾爆炸局限化布局和设施

局限化工厂布局：厂区总体设计考虑危险车间位置、间距和影响，应该隔离安装和远距离操纵。

防爆防压措施：在危险的厂房设置轻质板的房顶、外墙或泄压窗。

阻止火灾爆炸扩大化的措施：在贮存易燃液体的罐槽周围筑防油堤；在有爆炸危险的设备周围设置防爆墙、壁障等。

4.12.4 可燃物泄漏的预防设施

泄漏类型包括从设备向大气泄漏；设备内部泄漏；由设备外部泄漏。为了防止可燃物大量泄漏引起燃烧爆炸事故，必须设置完善的检测报警系统，并尽可能与生产调节系统和处理装置联锁，尽量减少损失。

4.13 灭火剂与灭火设施

4.13.1 灭火的原理及措施

根据燃烧三要素，只要消除可燃物或把可燃物浓度充分降低；隔绝氧气或把氧气量充分减少；把可燃物冷却至燃点以下，都可以达到灭火的目的。

灭火原理可把灭火方法归纳为4类：冷却灭火法，如水和干冰灭火；窒息灭火法，如石棉、黄沙覆盖，惰性气体覆盖等；隔离灭火法；化学抑制灭火法，如干粉、卤代烷灭火。

初期灭火：在火灾扩大之前，一个人用少量的灭火剂就能扑灭的火灾称为初期火灾，初期火灾的灭火活动称为初期灭火。

4.13.2 灭火剂及其应用

4.13.2.1 水

（1）灭火作用：降低燃烧物质的温度，水蒸气能阻止燃烧物与空气接触，也能稀释燃烧区的氧。

（2）灭火形式：直流水和开花水可用于扑救一般固体如煤炭、木制品、粮食、棉麻、橡胶、纸张等的火灾，也可用于扑救闪点高于120 ℃，常温下呈半凝固态的重油火灾；雾状水大大提高了水与燃烧物的接触面积，降温快效率高，常用于扑救可燃粉尘、纤维状物质、谷物堆囤等固体物质的火灾，也可用于扑灭电气设备的火灾。

4.13.2.2 泡沫灭火剂

（1）对于小面积火焰的覆盖极为有效，特别是密度比水小的液体火灾也很有效。

（2）组成：由发泡剂、泡沫稳定剂和其他添加剂组成。

（3）类别：化学泡沫灭火剂、蛋白质泡沫灭火剂、氟蛋白泡沫灭火剂、水成膜泡沫灭火剂、抗溶性泡沫灭火剂和多功能泡沫灭火剂。

1）化学泡沫灭火剂的泡沫是通过两种药剂的水溶液发生化学反应生成的，由于其灭火效果较差、腐蚀性强、保质期短、对人体和环境有害，在我国已经被停止使用多年了。

2）蛋白泡沫灭火剂是由动物性蛋白质或植物性蛋白质的水解产物组成的泡沫液。在我国，长期大量使用“臭”名昭著的动物蛋白泡沫灭火剂扑救原油及石油产品火灾，主要是因为其价格便宜。但是，其水解生产过程严重耗电、耗水、耗煤，而且产生硫醇、硫醚、硫化氢等大量有害气体；泡沫本身有臭味，使用时与火焰接触还会产生二噁英有害气体，且多数会对设备有所腐蚀，因此，退出市场已是大势所趋。

3）氟蛋白泡沫灭火剂是在蛋白泡沫灭火剂中加入含氟表面活性剂，从而提高蛋白泡沫灭火剂的流动性和灭火效果。但它和蛋白泡沫灭火剂一样，多数呈深褐色或黑色，腐蚀性强，易腐臭变质，保质期短。

4）水成膜泡沫灭火剂，又称“轻水”泡沫灭火剂或氟化学泡沫灭火剂。它主要由氟碳表面活性剂、碳氢表面活性剂、稳定剂以及其他添加剂和水等组成。在扑救石油产品火灾时，依靠泡沫和水膜的双重作用进行灭火，灭火效率约为蛋白泡沫的3倍。水成膜泡沫灭火剂没有臭味，保质期长，灭火效果明显优于其他泡沫灭火剂。

5）抗溶性泡沫灭火剂，属于合成型泡沫，具有可以与水预混、输液管道长度及流速不受限制、供给强度小、灭火迅速、储存稳定、腐蚀性低等优点。其针对极性液体的特点在泡沫液中添加高分子化合物，接触到极性液体就可以形成不溶性胶膜，以抵制极性的破坏，特别能灭极性易燃液体，如醇、酯、醚、有机酸、胺、酮火灾，也能灭非水溶剂液体火灾，而且适应性强（淡水、海水均可），使用范围广泛，对以上易燃液体的火灾能够有效最快地扑灭。

6）多功能泡沫灭火剂集高倍数、中倍数、低倍数、蛋白、水成膜、抗溶等泡沫灭火剂的灭火功能于一身，既能够有效地扑灭醇类、酮类、酯类、腈类等B类极性易燃液体火灾，也能有效扑灭轻油、重油、苯类等B类非极性易燃液体火灾，还能扑灭以任何比例相混合的油醇混合燃料火灾，同时可以扑灭A类固体物质火灾及部分C类、D类火灾。

（4）使用范围：油田、油库、炼油厂、船舶、机场、化工厂等石油化工类的火灾扑救。

4.13.2.3　干粉灭火剂

（1）干粉灭火剂始于19世纪末，20世纪30年代美国Ansul公司首先开发出以碳酸氢钠为基料的干粉灭火剂，是最早应用于消防科技领域的干粉灭火剂。干粉灭火剂由一种或多种具有灭火能力的细微无机粉末组成，粉末的粒径大小及其分布对灭火效果有很大的影响。

（2）按照干粉灭火范围可划分为3类：ABC类，如磷酸一铵；BC类，如碳酸氢钠、碳酸氢钾、氯化钾、氯化钠、硫酸钾、硫酸铵；D类，如氯化钠、碳酸氢钠、石墨灭火剂。

（3）干粉灭火剂以其经济、高效的灭火性能，成为我国灭火剂中的主力军，被业界广泛应用，特别是近几年一些科研单位和消防企业积极进行干粉灭火剂新产品的开发和研究，使干粉家族新品毕出，尤以超细干粉灭火剂代表了干粉家族目前的最高水平。

（4）超细干粉灭火作用机理。

1）有焰燃烧的强抑制作用。有焰燃烧是一种链式反应。燃料分子在燃烧的高温下或其形成的能量作用下被活化，在氧的存在下产生自由基或活性基因，并靠这些具有高能量的自由基传播反应，维持燃烧的持续进行。超细干粉与火焰混合时，灭火组分迅速捕获燃烧自由基，使自由基被消耗的速度大于生产的速度，燃烧自由基很快耗尽，链式反应历程即被终止，火焰迅速熄灭。

2）对表面燃烧强窒息作用。超细干粉对扑灭有焰燃烧有很好的速率和效率，而且对一般固体物质的表面燃烧（阴燃）有很好的熄灭作用。当超细干粉晶体粉体与灼烧的燃烧物表面接触时，发生一系列化学反应，在固体表面的高温作用下被熔化并形成一个玻璃状覆盖层将固体表面与周围空气隔开，使燃烧窒息。

3）对热辐射的遮隔和冷却作用。使用超细干粉灭火时，浓云般的粉末与火焰相混合，分解吸热反应，可吸收火焰的部分热量，这些分解反应产生的一些非活性气体如二氧化碳、水蒸气等对燃烧区的氧浓度具有稀释作用，使火的燃烧反应减弱。

4.13.2.4 其他灭火剂

（1）二氧化碳灭火剂：在高压或低温下被液化，喷放时气体体积急剧膨胀，稀释被保护空间。优点有：灭火时不污染环境，对保护区不产生腐蚀和破坏作用，可扑救 ABC 类火灾，在高浓度下还可扑救固态深位火灾。缺点：在实际应用中通常采用高压液化储存的高压系统和低温储存的低压系统。高压储存需要的瓶组数目多，占地面积大，对储存环境温度要求较严格；低压系统需要外设制冷设备，造价高，对运输管道也要求严格。

（2）卤代烷灭火剂：卤代烷灭火剂的分子中含有一个或多个卤素原子的化合物。目前以 1211（二氟一氯一溴甲烷）灭火剂应用较广，它是一种无色略带芳香味的气体。分子式为 $CBrClF_2$，化学性质稳定，对金属腐蚀性小，有较好的绝缘能，毒性也较小。能有效地扑灭电气设备火灾、可燃气体火灾、易燃和可燃液体火灾，以及易燃固体的表面火灾。不宜扑灭自己能供氧气的化学药品（如硝化纤维）、化学性活泼的金属、金属的氢化物和能自燃分解的化学药品的火灾。

各类型灭火剂如图 4-18 所示。

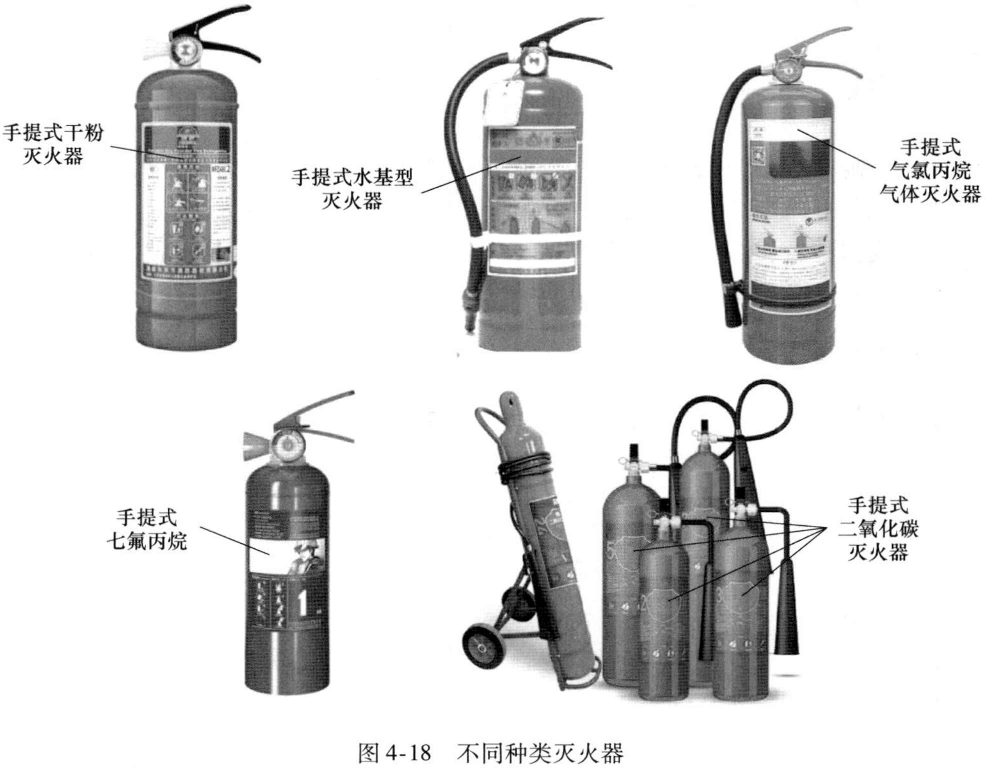

图 4-18 不同种类灭火器

4.13.3 灭火器及其应用

（1）手提式泡沫灭火器。适宜扑灭油类及一般物质的初起火灾。使用时，用手握住灭火器的提环，平稳、快捷地提往火场，不要横扛、横拿。灭火时，一手握住提环，另一手握住筒身的底边，将灭火器颠倒过来，喷嘴对准火源，用力摇晃几下，即可灭火。

注意：不要将灭火器的盖与底对着人体，防止盖、底弹出伤人。不要与水同时喷射在一起，以免影响灭火效果。扑灭电器火灾时，尽量先切断电源，防止人员触电。

（2）二氧化碳灭火器适宜扑灭精密仪器、电子设备以及600伏以下的电器初起火灾。

手提式二氧化碳灭火器有两种使用方式，即手轮式和鸭嘴式。

1）手轮式：一手握住喷筒把手，另一手撕掉铅封，将手轮按逆时针方向旋转，打开开关，二氧化碳气体即会喷出。

2）鸭嘴式：一手握住喷筒把手，另一手拔去保险销，将扶把上的鸭嘴压下，即可灭火。

注意：灭火时，人员应站在上风处；持喷筒的手应握在胶质喷管处，防止冻伤；室内使用后，应加强通风。

（3）手提式干粉灭火器适宜扑灭油类、可燃气体、电器设备等初起火灾。

使用时，先打开保险销，一手握住喷管，对准火源，另一手拉动拉环，即可扑灭火源。

手提式“1211”灭火器适宜扑灭油类、仪器及文物档案等贵重物品的初起火灾。使用时，先撕去铝封，拔去安全保险销，一手抱住灭火器底部，另一手握住压把开关，喷嘴对准火源喷射，松开压把，喷射即停止。

（4）小型家用灭火器适宜扑灭厨房、客厅、居室内的初起小火，有喷射型及投掷型两种。

1）喷射型：按下灭火器顶端弹簧按钮，将喷嘴对准着火处，喷射灭火。

2）投掷型：只需将其投掷于火中，容器破碎，干粉即泄出灭火。

（5）灭火器配置：小型灭火器配置的种类与数量应根据火险场所险情、消防面积、有无其他消防设施等综合考虑。

4.13.4 消防设施

消防设施包括火灾检测报警系统、消防站、消防给水系统、泡沫灭火装置、蒸汽灭火装置、干粉灭火装置、二氧化碳灭火系统。

习题与答案

4-1 按爆炸反应物质，爆炸可分为哪几类？

答：纯组元可燃气体热分解爆炸、可燃气体混合物爆炸、可燃粉尘爆炸、可燃液体雾滴爆炸、可燃蒸气云爆炸。

4-2 燃烧性物质贮存安全的一般要求？

答：燃烧性气体不得与助燃物质、腐蚀性物质共同贮存，应储存在通风良好、远离明火区；燃烧性液体较易挥发，应贮存于通风良好的清凉处，并与明火保持一定距离；燃烧性固体着火点较低，燃烧多数能释放出有毒气体，其贮存库应干燥、清凉、有隔热措施、忌阳光暴晒；自燃物质应贮存在清凉、通风、干燥的库房内，对存贮温度也有严格的要求。

4-3 爆炸性物质贮存安全的一般要求？

答：爆炸性物质仓库，不得同时存放性质相抵触的爆炸性物质；一切爆炸性物质不得与酸、碱、盐、氧化剂以及某些金属同库贮存；爆炸物箱堆垛不宜过高，堆垛高度一般不超过 1.8 m，墙距不小于 0.5 m，垛与垛之间不少于 1 m。

参 考 文 献

[1] 单彩萍．化工企业建筑防火防爆安全技术［J］．化学工程与装备，2022（4）：255-257.

[2] 赵淑枫．危险化学品火灾爆炸事故调查分析与安全监管［J］．化工管理，2023（30）：99-102.

[3] 周向阳．燃爆事故后果调查和应急救援体系的研究［D］．南京：南京理工大学，2013.

[4] TIWARI A，CHOUKSE R. Fire explosion prevention strategy in refineries［J］．International Journal of Engineering Research and，2015，4（4）：66-71.

[5] ANON. New generation EWS spark extinguishing system for fire and explosion prevention［EB/OL］．(2014-02-11)［2024-07-04］．https：//www. wbpionline. com/news/new-generation-ews-spark-extinguishing-system-for-fine-and-explosion-prevention-4175186/？cf-view.

[6] KOCHETOV S O，TYURIN P M，SEDLYAROV I O，et al. Efficiency of fire-and explosion protection devices in production processes［J］．Fibre Chemistry，2019，51（2）：153-156.

5 职业毒害与防毒措施

【导读】

通过本章学习，掌握毒性物质分类及毒性的危险等级、实验毒性学的致死剂量度及最高允许浓度，以及化学物质毒性的主要影响因素，掌握工业毒物的危害及防毒技术措施，分析中毒事故案例，使学生形成安全生产与环境保护的最终目的是创造人类美好生活的理念，增强安全、绿色、可持续发展理念等，加强学生未来从事化工安全行业的安全意识。

【学习要求】

(1) 了解毒性物质的性质作用。

(2) 掌握职业防毒技术措施。

5.1 毒性物质类别与有效剂量

5.1.1 毒性物质概述

有些物质进入机体并积累到一定的量后，就会与机体组织和体液发生生物化学或生物物理学作用，扰乱或破坏机体的正常生理功能，进而引起暂时性或永久性病变，这些物质称为毒性物质。由毒物侵入机体而导致的病理状态称为中毒。中毒状态如图 5-1 所示。在生产过程中由于接触化学毒物而引起的中毒称为职业中毒。

图 5-1 中毒状态

在化学工业中，毒性物质来源是多方面的，有原料、中间体、产品、溶剂、催化剂等。毒性物质的毒害作用是有条件的，它涉及毒物的数量、存在形态以及作用条件。

5.1.2 毒性物质的分类

(1) 按存在的物理状态分：粉尘、烟尘、烟雾、蒸气、气体等。

1）气体。在生产场所的温度、气压条件下，散发于空气中的氯、溴、氨、一氧化碳、甲烷等。

2）蒸气。固体升华、液体蒸发时形成蒸气，如水银蒸气、苯蒸气等。

3）雾。混悬于空气中的液体微粒，如喷洒农药和喷漆时所形成雾滴，镀铬和蓄电池充电时逸出的铬酸雾和硫酸雾等。

4）烟。直径小于0.1 μm的悬浮于空气中的固体微粒，如熔铜时产生的氧化锌烟尘，熔镉时产生的氧化镉烟尘，电焊时产生的电焊烟尘等。

5）气溶胶尘。能较长时间悬浮于空气中的固体微粒，直径大多数为0.1～10 μm。悬浮于空气中的粉尘、烟和雾等颗粒，统称为气溶胶。

(2) 按生物作用分：刺激性、腐蚀性、窒息性、麻醉性、溶血性、致敏性、致癌性、致突变性和致畸胎性等。

(3) 按损害的系统分：神经毒性、血液毒性、肝脏毒性、肾脏毒性、全身毒性等。

(4) 目前常用的分类是按照化学性质及其用途相结合的分类法。一般分为：

1）金属、类金属及其化合物，这是最多的一类。

2）卤素及其无机化合物，如氟、氯、溴、碘等。

3）强酸和碱性物质，如硫酸、硝酸、盐酸、氢氧化钠、氢氧化钾、氢氧化铵等。

4）氧、氮、碳的无机化合物，如臭氧、氮氧化物、一氧化碳、光气等。

5）窒息性惰性气体，如氦、氖、氩、氮等。

6）有机毒物，按化学结构又分为：脂肪烃类、芳香烃类、卤代烃类、氨基及硝基烃类、醇类、酚类、醚类、酮类、酰类、酸类、腈类、杂环类等。

7）农药类，如有机磷、有机氯、有机汞、有机硫等。

8）染料及中间体、合成树脂、橡胶、纤维等。

部分中毒标志如图5-2所示。

5.1.3 毒性物质有效剂量

(1) 毒性是用来表示毒性物质的剂量与毒害作用之间的关系的一个概念。

(2) 剂量-作用关系是指毒性物质在生物个体内所起作用与毒性物质剂量之间的关系。

(3) 剂量-响应关系是指毒性物质在一组生物体内产生一定标准作用的个体数，即产生作用的百分率，与毒性物质剂量之间的关系。

(4) 剂量-响应关系是制定毒性物质卫生标准的依据。

(5) 常用于评价毒性物质急性、慢性毒性的指标：

1）绝对致死剂量或浓度（LD100 或 LC100）：是指引起全组染毒动物全部（100%）死亡的毒性物质的最小剂量或浓度。

2）半数致死剂量或浓度（LD50 或 LC50）：是指引起全组染毒动物半数（50%）死亡的毒性物质的最小剂量或浓度。

图 5-2 中毒标志
（扫描书前二维码看彩图）

3）最小致死剂量或浓度（MLD 或 MLC）：是指全组染毒动物中只引起个别动物死亡的毒性物质的最小剂量或浓度。

4）最大耐受剂量或浓度（LD0 或 LC0）：是指全组染毒动物全部存活的毒性物质的最大剂量或浓度。

5）急性阈剂量或浓度（LMTac）：是指一次染毒后，引起试验动物某种有害作用的毒性物质的最小剂量或浓度。

6）慢性阈剂量或浓度（LMTcb）：是指长期多次染毒后，引起试验动物某种有害作用的毒性物质的最小剂量或浓度。

7）慢性无作用剂量或浓度：是指在慢性染毒后，试验动物未出现任何有害作用的毒性物质的最大剂量或浓度。

（6）致死浓度和急性阈浓度之间的浓度差距：能够反映出急性中毒的危险性，差距越大，急性中毒的危险性就越小。而急性阈浓度和慢性阈浓度之间的浓度差距，则反映出慢性中毒的危险性，差距越大，慢性中毒的危险性就越大。而根据嗅觉阈或刺激阈，可估计工人能否及时发现生产环境中毒性物质的存在。

5.2 毒性物质在化工行业中的分布

（1）无机化工。

化学矿冶炼加工：氮氧化物、一氧化碳、二氧化硫、砷及放射性物质等。

无机酸类：硝酸、硫酸、盐酸、氢氟酸等。

无机碱类：氨、氢氧化钾、氢氧化钠等。

无机盐类：碳酸钠、碳酸氢钠、硫化物和硫酸盐、硝酸盐及金属盐类等。

单质：金属钠、金属镁、黄磷、赤磷、硫磺、铅、汞等。

纯组元工业气体：氢、氮、氦、氖、氩、氪、氮氧化物、硫化氢等。

（2）有机化工。

基本有机原料：乙炔、电石、乙烯、丙烯、丁烯、乙烷、甲苯等。

一般有机原料：丁二烯、乙醛、丙醇、甲酸、丙酮、乙醚、氯苯、苯胺等。

（3）化肥和农药：氮肥、磷肥工业、有机氯、有机磷、有机氮农药、其他农药制备中毒物等。

（4）材料工业。

塑料和树脂合成：三氟氯乙烯、四氯乙烯、六氟丙烯、氯乙烯、苯乙烯等。

合成橡胶：丁二烯、丙烯腈、氯丁二烯、四氯乙烯、六氟丁二烯等。

合成纤维：乙二醇、环乙醇、己二胺、己内酰胺、苯等。

（5）涂料、染料和其他专用产品。

油漆制备：苯、甲苯、二甲苯、丙酮、苯酚、甲醛、沥青、丙烯酸甲酯等。

颜料制备：氧化铅、镉红、铬酸盐、硝酸等。

染料制备：对硝基氯苯、苯胺、二硝基氯苯、硝基甲苯、有机染料及粉尘。

胶片加工：硝化纤维素、醋酸、二氯甲烷、硝酸银、溴苯等。

磁带加工：氧化铬、氧化磁铁等。

照相用药剂：硫代硫酸钠、硫酸等。

（6）化学试剂：酸、碱、金属盐、卤素及醛、醇、醚、酮类等有机试剂。

催化剂：铬盐、硫酸、铂、铜、五氧化二矾、氧化铝等。

生产助剂：固色剂、防老剂、抗氧剂、环氧乙烷、苯胺、苯酚、甲醛等。

5.3 化工常见物质的毒性作用

5.3.1 刺激性气体

刺激性气体包括氯气、光气、氮氧化物、二氧化硫、氨。

（1）氯气：黄绿色，溶水成盐酸和次氯酸，刺激呼吸道和支气管，导致肺水肿，吸入死亡。

（2）光气：无色，霉草味，损害细胞，导致化学性肺炎和肺水肿。

（3）氮氧化物：混合气，吸入强刺激和腐蚀，导致肺水肿、组织缺氧。

（4）二氧化硫：无色，吸入呼吸道强烈刺激。吸入喉水肿、肺水肿，声带痉挛窒息。

（5）氨：无色强刺激味，上呼吸道刺激腐蚀，高浓度接触灼伤。

5.3.2 窒息性气体

窒息性气体包括一氧化碳、氰化氢、硫化氢。

（1）一氧化碳：无色无臭无刺激，吸入会生成碳氧血红蛋白，导致组织缺氧。

（2）氰化氢：无色，苦杏仁味，与细胞中铁离子结合会阻碍生物氧化，导致窒息。

（3）硫化氢：无色，臭鸡蛋味，对黏膜有强刺激作用，吸收后会抑制酶活性，导致窒息。

千万不要认为只有上述气体才会引起窒息，只要能造成缺氧空间的气体都会引发窒息死亡，如氮气、二氧化碳等无毒气体。区别是，一个是在体内作用，一个是在体外作用。窒息性气体分子式见图 5-3。

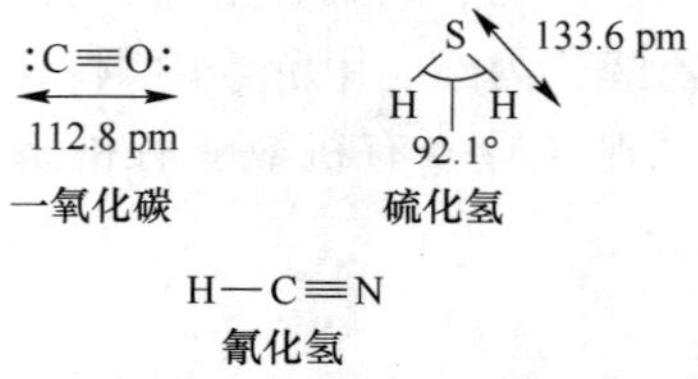

图 5-3 窒息性气体分子结构式

5.3.3 金属及其化合物

（1）汞：银白色液体，结合体内酶使酶失去活性，细胞损害而中毒。

（2）铅：银白色软金属，全身毒物，引起贫血、高血压、肝脏中毒病变。

（3）铬：钢灰色硬脆金属，强刺激和腐蚀，进入体内影响氧化，会使蛋白质变性。

这就是重金属危害。途径主要通过污染水源致害。但汞与铅则可通过蒸气致害。有些铅生产企业所在地发现许多儿童血铅超标，危害极大。3 种重金属实物图如图 5-4 所示。

汞　铅　铬

图 5-4 重金属

5.3.4 有机化合物

有机化合物包括苯（很多场合作为有机溶剂）、硝基苯和苯胺、有机氟化合物、有机磷农药，如图 5-5 所示。

（1）苯：无色，易挥发，芳香味易燃液体，抑制血细胞分裂，损造血系统，使蛋白质变质。

（2）硝基苯：无色或淡黄色苦杏仁味油液。

（3）苯胺：无色臭味油液，苯硝基和氨基化合物，会引起组织缺氧、溶血性贫血、脏器损伤。

（4）有机氟化合物：无色无臭气体，吸入作用肺脏，导致肺炎、肺水肿、心肌炎。

（5）有机磷农药：多数浅黄至棕色油液，吸收迅速分布，抑制酶活性，引起神经紊乱。

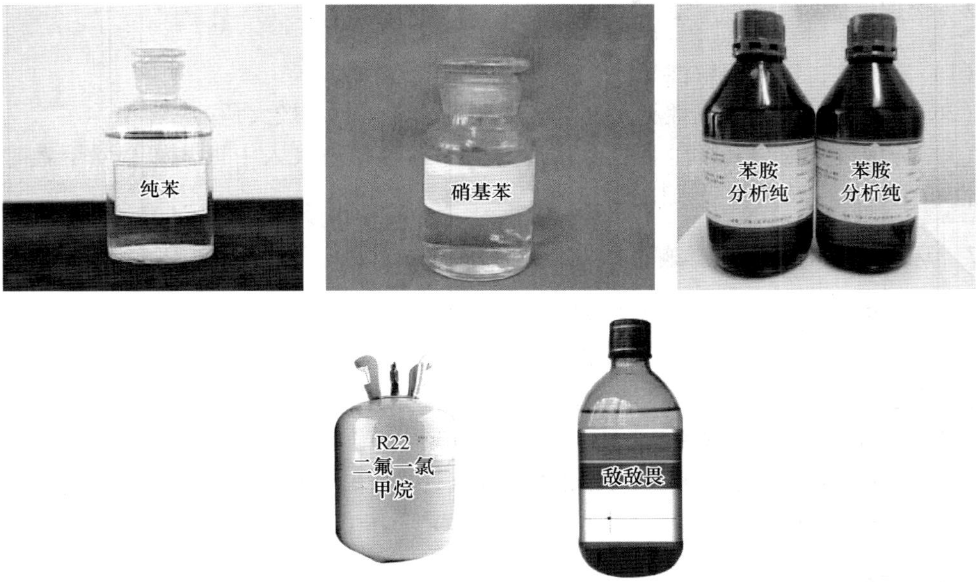

图 5-5 有机化合物

5.3.5 化学致癌物

（1）无机致癌物。

1）铬：六价铬毒性最强，是致癌物。

2）砷：元素砷毒性低，砷氧化物毒性高。三氧化二砷（砒霜）是剧毒物。

3）镉：长期吸入镉尘烟损害肾和肺，易致癌。

（2）有机致癌物。

1）苯：吸入接触苯蒸气会导致急、慢性中毒。

2）芳香胺类：本身非致癌，氧化 2 氨基 1 萘酚致癌。

3）氯甲醚：强烈烷化剂，直接致癌剂。

4）氯乙烯：大量接触致中毒，引起肝血管肉瘤。

5.4 化学物质毒性的影响因素

5.4.1 化学结构对毒性的影响

（1）有机化合物碳链长度影响：饱和脂肪烃有机物麻醉随碳原子增加而增强。

（2）物质分子结构饱和程度对生物活性影响：物质分子结构不饱和程度越高，毒性越大。

（3）分子结构对称性和几何异构影响：分子结构对称程度越高，毒性越大。

（4）有机化合物氢取代基团影响：氢取代基团有显著影响，取代氢原子后毒性明显增加。

5.4.2 物理性质对毒性的影响

（1）溶解性：毒物溶解性越大，侵入吸收可能性越大。

（2）挥发性：物质挥发性越大，空气中浓度越高，具有较大危险。

（3）分散度：粉尘和烟尘颗粒分散度越大，越容易被吸入中毒，如金属熔融时产生分散性粉尘，发生铸造性吸入中毒。

5.4.3 环境条件对毒性的影响

（1）浓度和接触时间：环境毒物浓度高，接触时间长，容易中毒。

（2）环境温度、湿度和劳动强度：环境温度高，毒物易挥发，环境浓度高容易中毒；环境湿度大，某些毒物作用强度增加；劳动强度大，促进皮肤充血，汗量增加，吸收快耗氧增，抵抗力降，毒物易作用。

（3）多种毒物的联合作用：联合作用综合毒性较单毒物作用增强也可减弱，毒性增强称协同作用，毒性减弱称拮抗作用。

5.4.4 个体因素对毒性的影响

毒性对人体作用随毒物剂量、环境条件而异，随人年龄、性别、中枢神经系统、健康及耐受性和敏感性而有所区别，少年抵抗力弱、成年人强，女性较男性弱，长期接触耐受力强。

5.5 毒性物质侵入人体途径与毒理作用

5.5.1 毒性物质侵入人体途径

毒性物质侵入人体途径可以经呼吸道侵入、经皮肤侵入、经消化道侵入。

（1）呼吸道侵入。

空气中的有毒物质易因呼吸作用进入人体。由于毒物性质及呼吸道各部分特点不同，吸收情况也不同。水溶性强的毒物，易被上呼吸道黏膜溶解吸附吸收；水溶性差的毒物，进入肺泡吸收，易引起全身中毒。肺泡气与血液中的毒物浓度梯度是扩散过程的推动力，对于同一种毒物，其值越大，吸收越快，反之则越慢。血/气分配系数（饱和时血中毒物浓度与肺泡气中毒物浓度的比值）越大，毒物越易进入血液。

可根据车间空气中有毒物质的浓度估算接触者的吸收量：

$$\text{估算剂量} = \text{毒物浓度} \times 10 \times \text{储留率}/\text{体重} \tag{5-1}$$

式中，毒物浓度采用时间加权平均浓度，mg/m^3；10 为 8 h 内人的大约通气量，m^3；储留率与化学物质水溶性有关，可由表 5-1 得到。

表 5-1 化学物质水溶性与储留率的关系

水中溶解度	浓度 g/%	储留率/%
基本不溶	<0.1	10
难溶	0.1~5	30
中等程度溶	5~10	50
易溶	10~100	80

(2) 皮肤侵入。

经皮肤途径进入机体的方式有两种，一种是毒物与表面完好的皮肤接触后，经由吸收的方式进入体内；另一种是毒物与皮肤接触时，接触部位已经存在破损、伤口，毒物经由这个破损部位，进入机体，再进一步对机体造成伤害，这就是所谓的“注入”途径。

皮肤吸收如果再细分下去的话，还有 3 种途径，一个是直接穿过皮肤组织，另一个是通过毛囊，还有一个是经由汗腺。现实中，由于经过毛囊和汗腺吸收导致的中毒情况很少发生，因而若没有特殊情况，往往可以忽略不计。

从皮肤结构上看，毒物欲经表皮直接侵入体内需要穿过 3 道屏障。第 1 道屏障是皮肤的角质层，其由死亡的无核角质细胞组成，一般分子量大于 300 的化合物不容易突破这道障碍；第 2 道屏障是位于角质层下的连接角质层，其表皮细胞富于亲脂性物质，能组织水溶性物质进入机体，但不能阻止脂溶性物质通过；第 3 道屏障是表皮与真皮连接处的基膜，穿过连接角质层屏障的脂溶性物质只有具有一定的亲水性，才能再穿透基膜这道屏障向下进一步扩散乃至最终被吸收。

(3) 消化道侵入。

经消化道侵入的毒物一般都是在胃肠道的位置与机体发生作用。胃肠道的酸碱度以及胃肠道对毒性物质的吸收速率和选择性，对机体的中毒状况会产生很大的影响，一些具体因素，如中毒者胃内的食物，肠道菌群的易感性等，也会在一定程度上对毒物吸收及其最终效果产生作用。与此同时，毒性物质本身的性质和特征也很重要。比如，毒物分子的化学性质、结构、组成、数量、分子量、亲疏水性乃至分子的形状特征等，都可以在相当的程度上决定其对机体产生破坏作用的性质和程度。

5.5.2 毒性物质的毒理作用

毒性物质的毒理作用有对酶系统的破坏，对 DNA（脱氧核糖核酸）和 RNA（核糖核酸）合成的干扰，对组织和细胞的损害，对氧的吸收、运输的阻断作用。

(1) 对酶系统的破坏。

酶在维持机体的各项正常生理功能、确保体内正常生化反应得以顺利进行等诸多方面，均起到不可或缺的关键作用。即使一个简单的生化过程，也常常需要许多酶的参与。

毒物对酶系统的破坏形式多种多样，不一而足。例如，毒物可以直接和酶的活性中心发生化学反应而导致其失活，也可以通过与其辅基发生反应，以使之不能再为酶所利用，使酶丧失其生化功能；有些毒物还可以作为基质的类似物，参与对酶分子活性中心的竞争，从而对活性中心形成竞争性抑制。有时，若毒物具有较高的活性，还可通过与酶分子上某个特定部位直接结合、破坏其特征的三维结构的方式，使酶分子不再能正常地催化相应的体内生化反应，导致其失去活性。例如，许多重金属离子，如汞、铅、镉等，就可以与酶分子中的巯基发生反应，或与维系其蛋白质三维结构的二硫键发生作用，通过对酶分子的立体结构的不可逆改变，使其丧失活性，破坏酶分子正常生理功能的发挥。

（2）对 DNA 和 RNA 合成的干扰。

DNA 和 RNA 在遗传信息的复制、传递过程中发挥着至关重要的作用。毒性化学物质一旦干扰了 DNA 和 RNA 的合成过程，就会对机体造成极为严重的后果，改变细胞的遗传特征，进而产生致畸、致突变、致癌作用。其中，致畸一般是指对胚胎细胞、胚胎组织的作用，致突变、致癌是指对于患者本身的机体组织发生的影响。

毒性物质可以通过多种方式对 DNA 和 RNA 的合成过程造成干扰。如改变 DNA 和 RNA 合成时的体内微环境，直接与其双螺旋结构中的某些部位或是化学基团发生化学反应，破坏其结构，改变双螺旋结构复制过程中的碱基排列顺序，以类似结构的外源化学物质替代正常的碱基片段或是核糖核酸结构等，均可对 DNA 和 RNA 的螺旋结构的复制、转录等造成严重干扰。当然，某些化学物质进入人体后，若能对染色体本身产生破坏作用致使染色体数量发生改变，则会给机体造成更为迅速、同时也是更为直接的严重伤害。

（3）对组织或细胞的损害。

毒理学研究结果表明，毒性物质对机体组织的破坏作用，在细胞层级往往表现为致使其变性，以及伴随而来的空泡形成、脂肪蓄积和组织破坏。毒物对不同组织的损害程度是不一样的。像肝、肾这类器官，其在机体内的作用就是专门用以处理外来的有害毒物的，因而其组织内的毒物浓度通常都会比较高，毒物对其造成伤害的机会往往也就比较大。

毒物浓度或接触剂量不同，其对组织的伤害程度、伤害类型也会不同。从程度较轻的刺激、诱发免疫机制的轻微变态反应，到程度较深的组织损伤，直至使接触到有毒有害化学物质的组织发生坏死、失去功能，都属于毒物对组织和细胞产生破坏作用后所带来的临床结果。

（4）对氧吸收、输运阻断作用。

许多毒性物质侵入机体后，都会对氧的正常吸收、输运过程造成不利影响。比如，当氢气、氮气、氩气、甲烷、二氧化碳等气体在正常呼吸的气氛中占有过高比例时，氧的含量就会相应降低，机体通过呼吸作用获取的氧气将会减少，正常生化反应的维持就会出现困难，机体将不可避免地出现缺氧等不良症状。而另外一些气体，如一氧化碳，则由于其对血红蛋白表现出远超氧的特殊亲和力，会大量占据血红蛋白中原本用以结合氧的专用点位，使得血红蛋白的携氧能力大为减弱甚至完全丧失，造成体内氧的输运受阻，导致组织缺氧，对机体造成损害。还有一些毒性物质，如苯胺、硝基苯等，进入机体后会与血红蛋白作用，将其中的二价铁离子氧化为三价，生成高铁血红蛋白，使其失去携氧能力，对氧在体内的正常输运过程产生破坏和阻断作用，造成机体组织因缺氧而无法完成其正常的生理功能。

5.6　物质毒性资料的应用

5.6.1　毒性物质化学结构与相对分子质量

（1）化学组成的影响是根本性的，这在许多的无机物、有机物上体现得尤为明显。

例如，几乎所有的含有铍、钡、铅、镉、汞、砷等有害元素的物质，都具有相当的毒性。许多的有机物也具有这样的特点，即某种元素的毒性特征会在含有该元素的绝大多数化合物中不同程度地有所体现，比如有机氯、有机硫、有机磷等化合物。以众所周知的有机磷类化合物为例，从曾经广泛使用的农药，到在国际上已被禁止的诸多化学试剂，都是毒性“可观”的有机磷类剧毒物质。许多含氯的芳香类化合物也是如此，众所周知的二噁英、DDT等，皆为可对人体、环境造成严重伤害的有机氯化合物。一些组成固定的基团，如氰基、氢氧根、酸根氢离子、氨基等，其标志性的毒副作用、刺激性与腐蚀性，也说明了化学组成可以给化合物性质带来的特征影响。

（2）化学结构对物质毒性也有影响，这在有机化合物中表现得比较明显。比如，碳链的增长会增加饱和脂肪烃的毒性作用，支链化合物的毒性一般要弱于直链化合物，环烷烃的毒性常大于链烷烃等。庚烷的毒性要大于已烷，而已烷的毒性又要大于戊烷，异丙醇的毒性小于正丙醇，正已烷毒性小于环已烷，就是上述规律的体现。当然，其中的一些例外也是存在的，比如甲醇的毒性就比乙醇要大。结构的影响还表现在化合物的饱和程度上，不饱和程度越高毒性越大，比如同为二碳的乙烷、乙烯和乙炔之间，就存在这样的关系。分子的对称性以及几何异构也对有机物的毒性具有一定的影响。对称程度越高毒性越大，顺式异构体的毒性一般要大于反式异构体。例如二甲苯的三个异构体间，毒性大小的次序为对位 > 间位 > 邻位；丁烯二酸之间，毒性大小的次序为顺丁烯二酸 > 反丁烯二酸。

（3）具有同样基本化学结构的物质，分子量如果不一样，也会对其毒性产生影响。聚合物就是这方面的一个很好的例子。许多单体化合物，在聚合前后其毒性特征就发生了明显的改变。例如，聚合前的丙烯腈单体，具有极强的毒性，通常被认为是剧毒化合物，而聚合后的聚丙烯腈高聚物，分子量达到数十万、上百万后，尽管在长链中还保留了原来单体里的—CN官能团，但其已成为通常意义上的无毒物质，两者的毒性特征有天壤之别。这样的例子还有很多，许多聚氨酯单体、聚酯单体、聚碳酸酯单体等，在聚合前都是具有相当毒性的物质，反应后得到的高分子聚合物，却已不再具有先前单体所具有的毒性。其中的有些化合物，固然是由于原来构成毒性危险的某些基本官能团，其在结构上已有了变化，然而多数物质，其原先单体的基本结构特征，聚合反应后被完全保留了下来，成了高聚物分子结构的一部分，只是其毒性特征已有了截然不同的变化，生成的聚合物属于通常意义上的无毒材料。

5.6.2 毒性物质的物性

（1）有害物质的熔点、沸点、相对密度、溶解度等基本物性特征，对其作用的发挥有着根本性的影响。物质的熔点、沸点越低，越容易挥发，越容易形成气态物质，通过呼吸道途径侵入机体、对人体造成伤害的可能性越大。

（2）相对密度的影响可以体现在不同方面。比如，相对密度小于1的有毒有害蒸气，容易向上扩散、稀释，危险谷易通过气体流动的方式被自然排除，危害较小；而密度大于1的有害气体，相对较重，容易滞留于下方，或建筑物的角落，与密度较小的气体相比，排除、稀释起来一般比较缓慢、困难，对现场人员造成的健康威胁相对较大。

（3）溶解度是另一个值得关注的影响因素。了解毒物在不同物质中的溶解度，对于制定有针对性的防范措施是必不可少的。例如，对一些在水、油性物质中皆有相当溶解度的毒性物质，比如某些有机胶、有机醇、有机醛和酮，一些有机磷和有机氯化合物，由于其极易经皮肤途径而被吸收，侵入体内，因而接触时需要采取严密的皮肤保护措施。而对于一些只溶于水、不溶于脂，或只溶于脂、不溶于水的毒物，如一些水溶性的有毒无机盐，或是只溶于有机物的苯、甲苯、二甲苯有机毒物等，因其不易被皮肤吸收，所以就无须对接触部位采取额外的保护措施，只做简单的一般性防护即可。

5.6.3 动物试验和毒性等级

（1）动物试验：按染毒时间分为急性、亚急性和慢性。急性试验提供致死剂量或浓度；亚急性试验发现毒物作用特点；慢性试验确定毒物安全限度。人对多数毒物比动物敏感，即人中毒剂量比动物的剂量低。

（2）毒性物质毒性分级：毒性分级指示急性中毒防范措施严重程度。

5.7 职业中毒及其诊断过程

5.7.1 职业中毒定义

劳动者在生产过程中，由于接触生产性毒物而引起的中毒称为职业中毒。职业性接触毒物危害程度分级依据见表5-2。

表 5-2 职业性接触毒物危害程度分级依据

指标		分级			
		Ⅰ	Ⅱ	Ⅲ	Ⅳ
		极度危害	高度危害	中度危害	轻度危害
急性毒性	吸入 LC_{50}/mg·m^{-3}	<200	200~2000	2000~20000	>20000
	经皮 LC_{50}/mg·m^{-3}	<100	100~500	500~2500	>2500
	经口 LC_{50}/mg·m^{-3}	<25	25~500	500~5000	>5000
急性中毒发病状况		生成中易发生中毒，后果严重	生成中可发生中毒，预后良好	偶可发生中毒	迄今未见急性中毒，但有急性影响
慢性中毒患病状况		患病率高（>5%）	患病率较高（<5%）或症状发生率较高（>20%）	偶有中毒病例发生或症状发生率较高（>10%）	无慢性中毒而有慢性影响
慢性中毒后果		脱离接触后，继续进展或不能治愈	脱离接触后，可基本治愈	脱离接触后，可恢复，不会导致严重后果	脱离接触后，自行恢复，无不良后果
致癌性		人体致癌物	可疑人体致癌物	实验动物致癌物	无致癌性
最高容许浓度/mg·m^{-3}		<0.1	0.1~1.0	1.0~10	>10

（1）急性职业中毒：一个工作日或更短时间接触高浓度毒物引起中毒。

（2）慢性职业中毒：长时期不断接触某种较低浓度工业毒物引起中毒。

（3）亚急性职业中毒：介于急性和慢性中毒间职业中毒，一般时间为1～6月。

（4）亚临床型职业中毒：工业毒物人体蓄积一定量，对机体产生损害，但临床表现尚无明显症状和阳性体征，职业中毒发病前期。

5.7.2 职业中毒特点

（1）明确的工业毒物职业接触史：接触毒物的工种、工龄、毒物种类等。

（2）具有群发性特点：即同车间同工种接触某种毒物会有多人中毒。

（3）特异性：即毒物有选择地作用于某系统或器官出现典型系统症状。

5.7.3 职业中毒诊断依据

（1）职业史是职业中毒诊断的主要依据。

（2）劳动卫生调查：包括工艺过程、生产方式、劳动环境、防毒措施、劳动组织等内容。

（3）体格检查：包括症状、体征和实验室检查。症状是本人自我感觉的不适感，体征是医生望、闻、触、叩看到感到的异常变化。

5.7.4 职业中毒诊断过程

（1）急性职业中毒多数在发生事故时造成，诊断并不困难，但应现场调查了解毒物种类浓度，中毒有潜伏期，需休息观察。

（2）慢性职业中毒起病缓慢，病程较长，有些毒物无特异诊断指标，注意鉴别谨防误诊。

5.8 职业中毒的临床表现

（1）呼吸系统。

1）窒息状态：呼吸困难，口唇青紫直至呼吸停止。

2）呼吸道炎症：指鼻腔、咽喉、气管、支气管、肺部的炎症。

3）肺水肿：肺间质和肺泡液渗出，致肺组织积液，水肿。

（2）神经系统。

1）中毒性脑病：脑部由于中毒引起严重器质性或技能性病变。引起中毒性脑病的是所谓亲神经性毒物。

2）周围神经炎：周围神经系统发生结构变化与功能障碍。

3）神经衰弱综合征：大脑皮质功能紊乱，兴奋与抑制过程失调。

（3）血液系统。

1）中性粒细胞减少症：循环血液中的中性粒细胞减少至每立方毫米4000个以下。

2）高铁血红蛋白血症：血红蛋白中的二价铁氧化成三价铁。

3）再生障碍性贫血：造血功能衰竭导致全血细胞减少。

4）心肌损害：心肌或使心肌对肾上腺素应激性增强而产生病变。

（4）消化系统和泌尿系统。

消化系统和泌尿系统的中毒包括中毒性口腔炎、中毒性急性肠胃炎、中毒性肝炎及肾病。

5.9 急性中毒的现场抢救

5.9.1 现场急救设施

(1) 急救设备及器械。

救护站应配备：救护车、抢救担架、救护床；防毒面具、防护手套、防护服、防护鞋；氧气呼吸器、苏生器、氧气瓶或袋；清水及清洗设备。

医疗器械：听诊器、血压计、叩诊锤、开口器、压舌板；外科切开和缝合器具、消毒包、止血袋、纱布、棉球；洗胃器、洗眼器、吸水器；针灸针、夹板、绷带等。

(2) 抢救药剂和药品。

一般药物，呼吸中枢兴奋剂，强心剂，镇静剂，氧气、葡萄糖及维生素C等注射液。解毒药品应根据具体毒物作相应准备。

5.9.2 急救现场准备

(1) 救护者防护准备。救护者在进入毒区抢救之前，必须佩戴好供氧式防毒面具或氧气呼吸器和防护服。如中毒者系坠入罐或槽中，需穿好胶皮防护服，系好安全带，然后进行抢救。

(2) 切断毒物来源。切断毒物来源，防止毒物继续外逸。对于已经扩散出来的有毒气体或蒸汽应立即启动通风排毒设施或开启门、窗以及采取中和处理等措施。

(3) 中毒者急救准备。采取有效措施防止毒物继续侵入人体。

1) 迅速将中毒者移至新鲜空气处，松解患者颈、胸部纽扣和腰带，以保持呼吸通畅。同时要注意保暖和保持安静，严密注意患者神志、呼吸状态和循环系统的功能。在搬运过程中，切勿强拖硬拉，以防造成外伤，致使病情加重。

2) 清除毒物防止沾染皮肤和黏膜。

① 迅速脱去被污染的衣服、鞋袜、手套等。

② 立即彻底清洗被污染的皮肤，清去皮肤表面的化学刺激毒物，冲洗时间要求达15~30 min。

③ 如毒物系水溶性，现场无中和剂，可用大量水冲洗。用中和剂冲洗时，酸性物质用弱碱性溶液冲洗。非水溶性刺激物的冲洗剂，需用无毒或低毒物质。如遇水能反应的物质，应先用干布或其他能吸收液体的东西抹去沾染物，再用水冲洗。

④ 对黏稠的毒物（如有机磷农药等）可用大量肥皂水冲洗（敌百虫不能用碱性溶液冲洗），尤其注意皮肤皱褶、毛发和指甲的污染。

⑤ 较大面积的冲洗，要防止着凉、感冒，必要时可将冲洗剂保持适当的温度，但以不影响冲洗剂的作用和及时冲洗为原则。

3) 毒物经口引起急性中毒，若毒物为非腐蚀性者，应立即用洗胃或催吐的方法清除毒物。对某些毒物亦可使其变成不溶的物质以防其吸收。

5.9.3　现场急救

（1）心脏复苏术，胸外心脏挤压法。

1）一只手用中指指尖对准病人颈部凹陷下缘，手掌按在胸部，另一只手压在该手的手背上，掌根用力向下压，使胸骨下端与相连的肋骨下陷 3 ~4 cm，压迫心脏使心脏内血液博出。

2）挤压后突然放松，手掌不必离开胸部，依靠胸廓的弹性，使胸骨复位，此时，心脏舒张，大静脉的血液回流到心脏。

3）上述步骤，连续有节奏地进行，每秒钟一次，一直到伤者的嘴唇及身上皮肤的颜色转为红润，以及摸到动脉搏动为止。

（2）呼吸复苏术，口对口人工呼吸法。

此法简单易行，是目前抢救中被推荐使用的几种方法之一。对于氰化物等中毒的伤员，禁用此法。

1）施行前，应迅速将伤者身上妨碍呼吸的衣领、上衣、裤带等解开、并取出其口腔内的假牙、血块、吐物等，使呼吸道畅通，然后使伤者仰卧，头部充分后仰，鼻孔朝上。

2）一手捏紧伤者鼻孔，另一手将其下颌拉向前下方（或托住其颈后），救护人深吸一口气后紧贴伤者的口向内吹气，同时观察胸部是否隆起，以确保吹气有效，约 2 秒钟。

3）吹气完毕，立即离开伤者的口，并放松伤者的鼻子，让他自动呼吸，注意胸部的复原情况，为时约 3 秒钟。按照上述步骤连续不断地进行操作，直到伤者开始自行化呼吸为止。

4）伤者如系儿童，只可小口吹气（或不捏紧鼻子，任其自然漏气，以免肺泡破裂）。如无法使伤者的嘴张开，可改口对鼻人工呼吸。

另外，恢复呼吸器官功能的方法还有举臂压胸呼吸法、俯卧压背呼吸法等。

（3）解毒和排毒措施。

发生急性中毒应及时采取各种解毒措施，降低或消除毒物对肌体的作用。如采用金属络合剂与毒物的金属离子络合成稳定的有机化合物，随尿排出体外；采用中和毒物的及其分解产物的措施，降低毒物的危害等。

5.10　防治职业中毒的技术措施

（1）以无毒或低毒原料代替有毒或高毒原料。在化工生产中，只要可能，原则上所有的反应都应尽量采用无毒或低毒原材料。由于许多化学物质存在性质上的相似性，因此可以在某些场合互相替代使用。如涂料工业中可以用低毒性的甲苯替代毒性较大的苯，用氧化钛替代铅白，以水基溶剂取代有机溶剂等。又如在合成氮工业中，传统的脱硫、脱碳过程一直采用砷碱法，毒性较大，改用本菲尔特方法后，没有了砷的危害，整个过程的毒性伤害危险大为降低，生产安全得到了保障。

（2）采用危害小的工艺。工艺改革涉及范围很广，许多技术进步与新流程的建立都属于工艺改革的范畴。在化工生产中，尽量采用危害性较小的工艺来替代原来的比较危险的工艺，或是从头开始，设计并建设一条危害性较小的工艺路线，无疑是化工工艺无害化改革的重要内容。这方面近年来有许多成功的案例。比如布洛芬生产工艺的改革，简化了工艺流程，减少了环境废物的排放，与原工艺相比，副产物大为减少，仅有乙酸一种，且可作为其他反应的原料加以再利用，原子经济性得以提高。又如，环氧乙烷制备工艺的改革，摒弃了原来的工艺路线，不再使用有毒有害的氯气作为原料，也没有氯化钙废料的排放，原子经济性达到了百分之百，可视为工艺革新的典范。再比如，Baeyer-Villiger 重排是将酮氧化成相应的酯的重要化学反应，在化工生产中有着广泛的应用，例如用于生产有着重要工业用途的ε-己内酯。原来的生产工艺是采用 3-氯过氧苯甲酸作为氧化剂，不但反应的原子经济性较低，只有大约 42%，而且还产生了有毒的还原产物 3-氯苯甲酸，造成环境污染。现采用革新后的工艺，以 Sn/β 分子筛为催化剂、过氧化氢为氧化剂，不但原材料更为安全，将原子经济性提高至 86%，且副产物只有水，完全没有有害污染物排放，实现了绿色安全的工艺设计目标。还有，对马来酸酐生产工艺改进后，过程已不再有二氧化碳副产物产生，原子经济性也从原来的 44% 提升至大约 65%，也是一个工艺改革的成功示范。

（3）密闭化、机械化、连续化措施。

1）设备密闭化：密闭化可以有效地阻止粉尘、有害气氛的弥漫，保护现场操作者的健康。比如炼胶机采用密闭方式作业后，消除了添加硫化剂等助剂成分时细微粉尘、颗粒物弥漫飞扬的现象，避免了作业人员因吸入有害粉尘导致的健康伤害。

2）机械化：用机械化代替手工操作是工业发展的大趋势，也是产业发展的潮流。机械化一方面减小了劳动强度，减轻了繁重的体力支出；另一方面还减少了作业人员与毒物的接触机会，从根本上降低了毒物危害人体健康的风险。

3）连续化操作：相比于间歇操作模式，连续化生产措施不但可以大大提高生产效率，还避免了加料、粉碎、分离、出料等操作过程的人工参与，减少了操作过程中人员与毒性物质的接触机会，提升了安全水平，使得现场劳动条件得到了极大的改善。

（4）隔离操作与自动化控制。

1）隔离操作：将操作人员与生产设备进行了区隔，可以显著减少作业人员与有害物质的接触，降低毒物导致的健康风险。在具体实施时，既可以将生产设备置于封闭或是隔离空间内，将操控人员安排在隔离环境外的方法，也可以采用将人员安排在隔离室内，而将设备放在隔离室外的方法。

2）自动控制：是减少或是完全避免因毒物与操作人员接触而引发健康安全事故的常用方法。操作时，作业人员远离生产现场，通过自动控制的机械装置，对生产流程实施远程操作与监控。事实上，许多高毒性及剧毒化学物质的生产过程，正在越来越多地采用完全封闭的自动流水作业方式来进行，以完全消除操作人员可能面临的健康风险。

5.11 工业毒物的通风排毒与净化吸收

（1）通风排毒措施。通风按其动力分自然通风和机械通风，按其范围可分局部通风和全面通风。

1）局部通风是指毒物比较集中，或工作人员经常活动的局部地区的通风。局部通风有局部排风，局部送风，局部送、排风 3 种类型。

2）全面通风是用大量新鲜空气将作业场所的有毒气体冲淡至符合卫生要求的通风方式。主要用于面积较大的场所、毒物挥发量不大的情形，不适用于可燃粉尘、烟尘弥漫的作业环境。有全面排风、全面送风、排风等3种形式。

3）混合通风是具有局部通风又有全面通风的一种混合操作模式，也是一种常用的通风换气方法，有些化工生产场所会采用这种通风方式以满足特定需要。

（2）燃烧净化方法。燃烧净化方法是为处理有害物质、消除健康危险、保障作业安全而经常采用的一种净化处理技术。它通过焚烧的方式，将有害气态物质直接转变为无害物质后，再进行排放处理。燃烧方法主要用于各种气态有机物的处理，是一种简便、经济且行之有效的有毒有害物质处理方法。经常采用的燃烧净化方法有直接燃烧、热力燃烧和催化燃烧3种。

1）直接燃烧。处理温度一般都在1100 ℃以上，适用于有害气氛中含有比较高的可燃成分的情形。这里的有害气氛是作为燃料来使用的，完全燃烧后的产物一般为二氧化碳和水，当然有时还会有氮气等其他一些气态组分。

2）热力燃烧。适用于处理可燃组分含量比较低的有毒废气，所需温度较低，一般只有700～800 ℃。与直接燃烧处理方式不同的是，热力燃烧产生的热量常常不足以维持燃烧过程的持续进行，因此其本身在许多情况下不能作为燃料使用，而只是作为一种辅助燃料燃烧过程的、以空气为本底的助燃气体。

3）催化燃烧。就是利用过渡金属催化剂的活性，将排出废气中的可燃物组分在较低的温度下进行氧化分解，以消除其中有害物的方法。该方法对催化分解的对象是有选择的，就是催化剂必须对可燃组分的氧化燃烧过程具有一定的催化活性。催化燃烧方法适用于含有可燃气体或蒸气成分废气的净化过程，而不适用于含可燃粉尘、细微雾滴的废气的净化处理。

在使用燃烧净化的方法时必须考虑热量的回收利用问题，同时要注意防火、防爆及防止回火，要采取相应的安全措施。

（3）冷凝净化方法。冷凝净化方法是将蒸气从空气中冷却凝结为液体，收集起来加以利用。它通过将排出的气氛中含有的蒸气成分冷却凝结成为液体的方式，达到消除作业环境的毒物危害和实现物料回收利用的双重目的。这种冷凝净化方法常用于处理含有较高浓度有机物的有毒有害蒸气，可用作燃烧、吸附等净化方法的前处理措施，以提前将其中还有使用价值的部分物料做尽可能的回收利用。用此方法将气氛中的蒸气冷凝成液体，其前提是必须将操作置于气体混合物的露点以下，这样蒸气才会开始冷凝液化，这是采用此方法时务必需要加以注意的。有直接法和间接法。直接法存在污水处理问题，间接法处理量小。

（4）吸收和吸附净化方法。吸收和吸附都是化工生产中常用的净化方法，在防毒技术中有着重要的应用。通过吸收和吸附的方法，可以阻止对人体健康有危害的化学物质的排放，保护现场操作人员的安全。

最常用的吸收操作是将有害气体用液体吸收，以防其直接进入环境或是操作现场，对作业人员造成伤害。比如，采用碱性溶液对产生的酸性气体进行吸收，就是常用的防止酸性气体对人员造成伤害的一种消除安全危险的方法。反过来，采用酸性液体介质，或者有时也直接采用水，对排出的类似氨气这样的碱性气氛进行吸收，然后再将铵盐或是氨进行回收，也是一种常见的应对碱性气体危害的简便方法。

吸附操作的原理相对简单，就是利用比表面积大的多孔性固体物质去处理含有目标物的流体混合物，通过固体介质的吸附作用，将欲除去的有毒有害物质从流体中加以清除的一种方法。比如，可以采用针对性的吸附介质，对含有染料的工业废水进行充分处理后再将其排放，就可减少有毒有害废物对人体和环境的危害，改善化工生产企业及周边环境的安全状况。

5.12 腐蚀性化学品

（1）腐蚀类型。

1）腐蚀性化学品类型包括酸性腐蚀物质、碱性腐蚀物质、其他腐蚀物质。

2）腐蚀主要是由于化学或电化学反应而使物质的表面受到破坏，有时还包含机械的、物理的或生物的作用引来的破坏。腐蚀包括：金属腐蚀、非金属腐蚀和有机物（如皮肤、黏膜）腐蚀。

3）造成腐蚀反应的几种类型：金属与酸或碱发生置换反应使金属腐蚀；金属被酸氧化而腐蚀；某些碱或浓酸具有很强的吸水性，能使含水物质的水分被吸收，导致物质干裂面损坏；某些酸性物质具有强氧化性，能使有机物氧化而被腐蚀；某些浓强酸如浓硫酸能使有机物脱水而焦化，有机体接触这类酸则造成严重的灼伤；强碱性物质能与油脂、氨基酸等作用而破坏人体组织，使人体受到伤害；硫酸的磺化反应，硝酸的硝化反应等也能破坏有机体的组织和皮肤等。

（2）影响腐蚀的外界因素包括浓度对腐蚀的影响、温度对腐蚀的影响、其他物质对腐蚀速率的影响。当几种腐蚀品混合在一起时，也会使腐蚀作用增大许多。

（3）典型的腐蚀品包括硫酸、硝酸、氢氧化钠、甲醛、苯酚。

5.13 毒腐化学品的储运

毒腐化学品在储运中要附有规范的安全标签与安全技术说明书，它包括有化学品的详细信息。这是了解毒腐化学品性状的重要途径。

（1）毒腐化学品安全标签。《化学品安全标签编写规定》(GB 15258—2009）规定化学品安全标签应包括物质名称、编号、危险性标志、警示词、危险性概述、安全措施、灭火方法、生产厂家、地址、电话、应急咨询电话和提示参阅安全技术说明书等内容。

（2）毒腐化学品安全技术说明书。我国于 1996 年正式采用了安全技术说明书制度，并制定了《危险化学品安全技术说明书编写规定》(GB 16483—2000）国家标准。国标中规定了 16 项内容。

5.14 可食性化学品安全

（1）食品安全的重要性。《中华人民共和国食品安全法》已由中华人民共和国第十一届全国人民代表大会常务委员会第七次会议于 2009 年 2 月 28 日通过，自 2009 年 6 月 1

日起施行。《中华人民共和国食品安全实施条例》已于2009年7月8日国务院第73次常务会议通过，自2009年7月20日起施行。

（2）食品安全标准的内容包括：

1）食品、食品相关产品中的致病微生物、农药残留、兽药残留、重金属、污染物质及其他危害人体健康物质的限量规定；

2）食品添加剂的品种、使用范围、用量；

3）专供婴幼儿和其他特定人群的主辅食品的营养成分要求；

4）对与食品安全、营养有关的标签、标识、说明书的要求；

5）食品生产经营过程的卫生要求；

6）与食品安全有关的质量要求；

7）食品检验方法与规程；

8）其他需要制定为食品安全标准的内容。

（3）国家食品安全标准。食品生产和加工企业应严格执行国家食品安全标准。未列入我国食品添加剂（《食品添加剂使用标准》(GB 2760—2024）及国家卫生健康委食品添加剂公告)、营养强化剂（《食品营养强化剂使用卫生标准》(GB 14880—2012）及国家卫生健康委食品添加剂公告）品种名单的，不得使用和滥用。

（4）食品中可能违法添加的非食用化学物质。国家卫生健康委对原卫生部公告的6批《食品中可能违法添加的非食用物质和易滥用的食品添加剂名单》进行了修订，2024年由市场监管总局印发《食品中可能添加的非食用物质名录管理规定》。

（5）易滥用的食品添加剂包括三聚氰胺和苏丹红。

5.15 案例分析及思政要点

案例1 美国休斯敦杜邦公司化工厂“11·15”泄漏事故

（1）事故案例：2014年11月15日，美国休斯敦La Porte地区的杜邦公司化工厂发生化学品泄漏事故，5名工人直接暴露于有害气体甲硫醇中，造成其中4人死亡、1人被送往医院救治。

（2）事故原因：厂区一个储存甲硫醇的存储罐阀门失效且缺乏足够的安全保障措施，大量甲硫醇从排放系统进入下水道，造成厂房内空气中甲硫醇浓度剧升，超过几百ppm（$1\ ppm = 10^{-4}\%$），导致现场4人很快昏迷致死。甲硫醇为无色气体，有不愉快的气味；不溶于水，溶于乙醇、乙醚等有机溶剂；用于有机合成及喷气机添加剂、杀虫剂的原料、催化剂等。由甲醇和硫化氢作用，或由烯烃和硫化氢作用后分离而得。其毒作用类似硫化氢，吸入甲硫醇蒸气后，可引起头痛、恶心及不同程度的麻醉作用，高浓度的蒸气可产生呼吸麻痹而死亡。且杜邦La Porte工厂在有毒化学品泄漏期间，应急响应混乱，导致操作人员、应急响应人员和公众置于危险之中。

（3）思政要点：此次化学品泄漏时间长，化工厂应急响应混乱，我们要提高生产中工业毒物的防范意识，培养“生命至上”的价值观和团队合作精神，熟悉急性职业中毒现场急救的常用设施，掌握现场急救的准备内容。

案例2 瓮福达州化工有限公司“3·3”较大气体中毒事故

（1）事故案例：2019年3月3日4时45分，位于达州市经开区内的瓮福达州化工有限责任公司PPA（湿法净化磷酸）灌装区发生较大气体中毒事故，造成6人急性中毒，其中3人经全力救治无效死亡，其余3人轻度中毒，直接经济损失425余万元。

（2）事故原因：四川航标公司川F75158常压危货槽车驾驶员张玉平、押运员杨广平在瓮福达州公司PPA灌装区用蒸汽清洗罐体时，所产含有硫化钠废液进入含有磷酸的开放式清洗废液收集沟、池，硫化钠与磷酸反应生成具有吸入性急性毒性的硫化氢气体，半敞开PPA灌装区作业现场的人员吸入高浓度硫化氢气体导致急性中毒。

（3）思政要点：该公司违反规定，管理混乱，导致严重后果，我们要遵守规章制度，以人身安全为首要，提升法律规范意识，激发对生命的敬畏，加深对安全生产重要性的认知，有效地遏制事故以及将事故发生后损失降到最低。

习题与答案

5-1 毒性物质如何分类？

答：（1）按存在的物理状态分：粉尘、烟尘、烟雾、蒸气、气体等。

（2）按生物作用分：刺激性、腐蚀性、窒息性、麻醉性、溶血性、致敏性、致癌性、致突变性和致畸胎性等。

（3）按损害的系统分：神经毒性、血液毒性、肝脏毒性、肾脏毒性、全身毒性等。

5-2 职业中毒有哪些特点？

答：（1）明确的工业毒物职业接触史：接触毒物的工种、工龄、毒物种类等。

（2）具有群发性特点：即同车间同工种接触某种毒物会有多人中毒。

（3）特异性：即毒物有选择地作用于某系统或器官出现典型系统症状。

5-3 防治职业中毒的技术措施有哪些？

答：（1）以无毒或低毒原料代替有毒或高毒原料。

（2）采用危害小的工艺。

（3）密闭化、机械化、连续化措施。

（4）隔离操作与自动化控制。

（5）吸收和吸附净化方法。

参考文献

[1] YAMANO Y. Research on Occupational Poisoning and Biological Monitoring [J]. Sangyo eiseigaku zasshi = Journal of occupational health，2024，66（2）：63-72.

[2] 王媛媛．职业中毒事故行为原因分析及预防对策［D］．长春：吉林建筑大学，2020.

[3] 毕海侠，王红军，吕虹．关于急性职业中毒的原因与预防措施分析［J］．中国医药指南，2017，15（29）：298-299.

[4] 李宾，李朝林，李涛．化工行业工人健康状况分析［J］．中国工业医学杂志，2012，25（2）：120-122.

[5] 朱彦．化工企业化学事故应急救援预防中毒对策与措施［J］．中国个体防护装备，2015（2）：49-53.

[6] 王智新．国外化工企业防毒措施［J］．劳动保护，1995（2）：44-45.

[7] TURNERL C. Special Equipment for Protection against Toxics in the Chemical Industry [J]. Industrial Engineering Chemistry，2002，22（10）：1096-1099.

6 压力容器和机电设备安全

【导读】

本章主要内容为压力容器分类和其操作、维护安全，以及机电设备安全事故和防护措施，通过分析典型压力容器——锅炉的相关事故，使学生牢固树立安全意识，严格遵守行业准则和职业规范，努力提升自身素养，同时明白生命的可贵与脆弱，懂得珍惜生命，热爱生活。

【学习要求】

（1）了解蒸汽锅炉的安全管理。

（2）熟悉电气设备危险并掌握如何防护。

（3）掌握化工设备安全操作与管理。

6.1 蒸汽锅炉的安全运行和管理

6.1.1 锅炉分类及其参数系列

锅炉是指利用各种燃料、电或其他能源，将所盛装的液体加热到一定的参数，并承载一定压力的密闭设备，其范围规定为：容积 $V\geqslant 30$ L 的承压蒸汽锅炉；出口水压 $p\geqslant 0.1$ MPa（表压力），且额定功率 $N\geqslant 0.1$ MW 的承压热水锅炉；有机热载体锅炉。

（1）锅炉型号。完整的锅炉型号由 3 部分组成。第 1 部分包括锅炉本体型式和燃烧方式的汉语拼音代号及蒸发量(t/h)；第 2 部分包括工作压力(MPa)和过热蒸汽温度(℃)；第 3 部分包括燃料品种的汉语拼音代号及设计序号。例如，型号 SHL10-13/350-W-1 表示双锅筒横置式链条炉排，蒸发量为 10 t/h，出口蒸汽压力为 13 MPa（1275 kPa），出口过热蒸汽温度为 350 ℃，适用于无烟煤，经过第 1 次修改设计制造的锅炉。

（2）锅炉的分类。锅炉按用途分为：电站锅炉、工业锅炉、机车锅炉、船舶锅炉、生活锅炉；按压力分为：低压锅炉、中压锅炉、高压锅炉、亚临界压力锅炉、超临界压力锅炉；按装置方式分：为固定式锅炉和移动式锅炉；按锅炉结构分为：火管锅炉、水管锅炉和水火管组合锅炉。工业蒸汽锅炉参数系列于表 6-1，表中的压力和温度都是出口蒸汽的额定值，标有符号“△”处所对应的参数宜优先选用。

表 6-1 蒸汽锅炉参数系列

额定蒸发量 $/t\cdot h^{-1}$	额定蒸汽压力(表压力)/MPa											
	0.1	0.4	0.7	1.0	1.25			1.6		2.5		
	额定蒸汽温度/℃											
	饱和	饱和	饱和	饱和	饱和	250	350	饱和	350	饱和	350	400
0.1	△	△										
0.2	△	△	△									

续表 6-1

额定蒸发量 /t·h^{-1}	额定蒸汽压力(表压力)/MPa											
	0.1	0.4	0.7	1.0	1.25			1.6		2.5		
	额定蒸汽温度/℃											
	饱和	饱和	饱和	饱和	饱和	250	350	饱和	350	饱和	350	400
0.5	△	△	△	△								
0.7		△	△	△								
1		△	△	△								
1.5			△	△								
2			△	△	△			△				
3			△	△	△			△				
4			△	△	△			△		△		
6				△	△	△	△	△	△	△		
8				△	△	△	△	△	△	△		
10				△	△	△	△	△	△	△	△	△
12					△	△	△	△	△	△	△	△
15					△	△	△	△	△	△	△	△
20					△		△	△	△	△	△	△
35					△		△	△	△	△	△	△
65											△	△

6.1.2 锅炉运行安全

运用锅炉的单位，应建立以岗位责任制为主的各项规章制度，锅炉上水、点火、升压、运行和停炉要严格按照操作规程进行。

(1) 点火和升压。锅炉点火前必须进行气水系统、燃烧系统、风烟系统、锅炉本体和辅机系统的全面检查，确定完好。每个阀门处在点火前正确位置，风机和水泵冷却水畅流、润滑正常，安全附件灵敏、可靠。

锅炉点火后，受热面被加热，水冷壁和对流管束中不断产生蒸汽，由于主蒸汽阀门关闭，压力不断升高，此即为升压过程。

为使锅炉各部件冷热均匀，胀缩一致，进水、点火、升压都要缓慢进行。新装或检修后的锅炉，点火升压后气压在 0.05 ~0.2 MPa 允许对拆动过的螺栓紧一次。

紧固螺栓时要保持气压稳定，用力要均匀、逐只对称上紧；站位要得当，防止蒸汽外泄烫伤。升压过程中要注意炉墙及各部件的热膨胀情况，不得有异常变形或裂纹。

(2) 并炉和送气。当两台或两台以上锅炉共用一条蒸汽母管或接入同一分气缸时，点火升压锅炉与母管或分气缸联通成为并炉，并炉前要进行暖管。

送气时应先缓开主气门，等气管中听不到气流声时，才能开大主气门。并炉时应注意水位、气压变动，若管内有水击现象应疏水后再并炉。

(3) 正常运行维护。锅炉正常运行时，主要是对锅炉的水位、气压、汽水质量和燃烧情况进行监视和控制。

(4) 停炉保养。锅炉停炉有正常停炉和事故停炉。正常停炉按锅炉的操作规程进行。事故停炉也称紧急停炉。

锅炉停炉后为防止腐蚀必须进行保养。常用的保养方法有干法、湿法和热法三种。干法和湿法使用于长期停用的锅炉。停用时间在10天左右的宜用热法保养（清垢）。

6.1.3 锅炉常见事故及处理

6.1.3.1 水位异常

（1）缺水：缺水事故是最常见的锅炉事故。当锅炉水位低于最低许可水位时称为缺水，在缺水后锅筒和钢管被烧红的情况下，若大量上水，水接触到烧红的锅筒和锅管会产生大量蒸汽，压力急剧增加会导致锅炉烧坏，甚至爆炸。

引起缺水的主要原因：违规脱岗、工作疏忽、判断错误或误操作；水位测量或警报系统失灵；自动给水控制设备故障；排污不当或排污设施故障；加热面损坏；负荷骤变；炉水含盐量过大。

预防措施：严密监视水位，定期校对水位计和水位报警器，发现缺陷及时消除；注意缺水现象的观察，缺水时水位即玻璃管（板）呈白色；严重缺水时严禁向锅炉内给水；注意监视和调整给水压力和给水流量，与蒸汽流量相适应；排污应按规程规定，每开一次排污阀，时间不超过30 s，排污后关紧阀门，并检查排污是否泄漏；监视汽水品质，控制炉水含量。

（2）满水：满水事故时锅炉水位超过了最高许可水位，也是常见事故之一。满水事故会引起蒸汽管道发生水击，易把锅炉本体、蒸汽管道和阀门振坏。此外，满水时蒸汽携带大量炉水，使蒸汽品质恶化。

引起满水的主要原因：操作人员疏忽大意，违章操作或误操作；水位计和水考克缺陷及水连管堵塞；自动给水控制设备故障或自动给水调节器失灵；锅炉负荷降低，未及时减少给水量。注：考克也叫旋塞，是锅炉或窗口上安装在液位计上的阀门。

处理措施：轻微满水时，应关小鼓风机和引风机的调节门，使燃烧减弱；停止给水，开启排污阀门放水；直到水位正常，关闭所有放水阀，恢复正常运行。严重满水时，首先应按紧急停炉程序停炉；停止给水，开启排污阀门放水；开启蒸汽母管及过热器疏水阀门，迅速疏水水位正常后，关闭排污阀门和疏水阀门，再生火运行。

6.1.3.2 汽水共沸

汽水共沸是锅炉内水位波动幅度超出正常情况，水面翻腾程度异常剧烈的现象。其后果是蒸汽大量带水，使蒸汽品质下降；易发生水冲击，使过热器管壁上积附盐垢，影响传热而使过热器超温，严重时会烧坏过热器而引发爆管事故。

引起汽水共沸的主要原因：锅炉水质没有达到标准；没有及时排污或排污不够，造成锅水中盐碱含量过高；锅水中油污或悬浮物过多；负荷突然增加。

处理措施：降低负荷，减少蒸发量；开启表面连续排污阀，降低锅水含盐量；适当增加下部排污量，增加给水，使锅水不断调换新水。

6.1.3.3 燃烧异常

燃烧异常主要体现在烟道尾部发生二次燃烧和烟气爆炸，多发生在燃油锅炉和煤粉锅炉内。由于没有燃尽的可燃物附着在受热面上，在一定的条件下，重新着火燃烧。尾部燃烧常将省煤器、空气预热器，甚至引风机烧坏。

引起二次燃烧的原因：炭黑、煤粉、油等可燃物能够沉积在对流受热面上，由于燃油雾化不好，或煤粉粒度较大，不易完全燃烧而进入烟道；点火或停炉时，炉膛温度太低，易发生不完全燃烧，大量未燃烧的可燃物被烟气带入烟道；炉膛负压过大，燃料在炉膛内停留时间太短，来不及燃烧就进入尾部烟道。

尾部烟道温度过高是因为尾部受热面沾上可燃物后，传热效率低，烟气得不到冷却；可燃物在高温下氧化放热；在低负荷特别是在停炉的情况下，烟气流速很低，散热条件差，可燃物氧化产生的热量蓄积起来，温度不断升高，引起自燃。同时，烟道各部分的门、孔或风挡门不严，漏入新鲜空气助燃。

处理措施：立即停止供给燃料，实行紧急停炉，严密关闭烟道、风挡板及各门孔，防止漏风，严禁开引风机；尾部投入灭火装置或用蒸汽吹灭器进行灭火；加强锅炉的给水和排水，保证省煤器不被烧坏；待灭火后方可打开门孔进行检查。确认可以继续运行，先开启引风机 10 ~ 15 min 后再重新点火。

6.1.3.4 承压部件损坏

（1）锅管爆破。锅炉运行中，冷水壁管和对流管爆破是较常见的事故，性质严重，甚至造成伤亡，须停炉检修。爆破时有显著声响，爆破后有喷汽声；水位迅速下降，蒸汽压力、给水压力、排烟温度均下降；火焰发暗，燃烧不稳定或被熄灭。发生此项事故时，如仍能维持正常水位，可紧急通知有关部门后再停炉，如水位、蒸汽压力均不能保持正常，必须按程序紧急停炉。

引起锅管爆裂的原因：一般是水质不符合要求，管壁结垢或关闭受腐蚀或受飞灰磨损变薄；升火过猛，停炉过快，使锅炉受热不均匀，造成焊口破裂；下集箱积泥垢未排除，阻塞锅炉水循环，锅管得不到冷却而过热爆破。

预防措施：加强水质监督；定期检查锅管；按规定升火、停炉或防止超负荷运行。

（2）过热器管道损坏。过热器附近有蒸汽喷出的响声；蒸汽流量不正常，给水量明显增加；炉膛负压降低或产生正压，严重时从炉膛喷出蒸汽或火焰；排烟温度显著下降。

引起这类事故的原因：一般是水质不良，或水位长期偏高，过热器长期超温使用；也可能是烟气偏流使过热器局部超温；检修不良，使焊口损坏或水压试验后，管内积水。

处理措施：事故发生后，如损坏不严重，且生产需要，待备用炉启用后再停炉，但必须密切关注，不能使损坏恶化；如损坏严重，则必须立即停炉。控制水汽品质、防止热偏差、注意疏水、注意安全检修质量，即可预防这类事故。

（3）省煤器管道损坏。沸腾式省煤器出现裂纹和非沸腾式省煤器弯头法兰处泄漏是最常见的损坏事故，最易造成锅炉缺水。事故发生后，水位不正常下降；省煤器有泄漏声；省煤器下部灰斗有湿灰，严重者有水流出；省煤器出口处烟温下降。

引起事故原因：给水品质差，水中溶有氧和二氧化碳发生内腐蚀；经常积灰，潮湿而发生外腐蚀；给水温度变化大，引起管道裂缝；管道材质不好。控制给水质量，必要时装设除氧器；及时吹铲积灰；定期检查，做好维护保养工作，即可预防这类事故。

处理措施：对于沸腾式省煤器，应加大给水，降低负荷，待备用炉启用后再停炉，若不能维持正常水位，应紧急停炉，并利用旁路给水系统，尽力维持水位，但不允许打开省煤器在循环系统阀门；对于非沸腾式省煤器，应开启旁路阀门，关闭出入口的风门，使省煤器与高温烟气隔绝，打开省煤器旁路给水阀门。

6.1.4 锅炉给水安全

（1）水中杂质危害及水处理。未经处理的水应用于锅炉，易形成水垢、腐蚀锅炉、恶化蒸汽质量。

1）氧对金属有腐蚀作用，水中的溶解氧是锅炉腐蚀的主要原因。$pH < 7$，促进溶解氧的腐蚀；$pH > 10$，腐蚀基本停止。

2）二氧化碳含量较多时，对金属有强烈的腐蚀作用，同时是使氧腐蚀加剧的催化剂。

3）硫化氢水中的硫化氢会引起锅炉的严重腐蚀。

4）钙、镁是造成锅炉受热面结垢的主要原因。

5）氯离子炉水中氯根超过 800～1200 mg/L 时，造成锅炉腐蚀。

6）二氧化硅能与钙、镁离子形成坚硬、不易清除的水垢。

7）硫酸根与钙、镁结合，在受热面上形成石膏质水垢。

8）其他杂质碳酸钠、碳酸氢钠受热分解，会产生氢氧化钠使炉水碱度增加，引起汽水共沸，也可能在高应力部位发生苛性脆化。分解产物二氧化碳本身就是腐蚀性气体。有机介质受热分解会造成汽水共沸，并产生腐蚀。

（2）锅炉水处理包括锅炉外水处理和锅炉内水处理两个步骤。

1）锅炉外水处理：天然水中的悬浮物、胶体物质、溶解的高分子物质通过凝聚、沉淀、过滤处理；水中溶解的气体通过脱气方法去除；水中溶解的盐类通过离子交换和加药法等处理。

2）锅炉内水处理：向水中投入软水药剂，把水中的杂质变成排污时可以排除的泥垢，防止水中的杂质引起结垢。

（3）锅炉水垢按其主要组分分为碳酸盐水垢、硫酸盐水垢、硅酸盐水垢和混合水垢。硅酸盐水垢导热系数小，十分坚硬、不易清除，对锅炉危害最大。

水垢不仅浪费资源，而且严重威胁锅炉安全。水垢的导热系数小，导致传热系数明显下降，排烟温度上升，锅炉热效率降低；因除垢而引起的机械损伤或化学腐蚀会缩短锅炉的寿命。结垢也是锅炉受热面过热变形或爆裂的主要原因。

（4）目前清除水垢有手工除垢、机械除垢、化学除垢 3 种方法。

1）手工除垢采用特制的刮刀、铲刀及钢丝刷等专用工具清除水垢。适用于清除面积小、结构不紧凑的锅炉结构。

2）机械除垢主要采用电动洗管器和风动除垢器。电动洗管器主要用于清除管内水垢，风动除垢器常用的工具是空气锤和压缩空气枪。

3）化学除垢常称为水垢的“化学清洗”，是目前比较经济、有效、迅速的除垢方法。化学除垢方法主要有盐法、酸法、碱法、螯合剂法、氧化法、还原法、转化法等。目前常用的是酸法和碱法。

6.1.5 事故案例及思政要点

案例 1 温州鹿城泰毫皮革厂“7·30”锅炉爆炸事故

（1）事故案例：2006 年 7 月 30 日，温州市鹿城泰毫皮革厂发生了锅炉爆炸重大事故，造成 5 人死亡，9 人受伤。

（2）事故原因：锅炉操作人员将分汽缸上的通往用气设备的出气阀关闭，锅炉内压力因无法有效释放而急剧上升，而安全阀在超压时未能正常起跳，约半个小时后锅炉发生超压爆炸。

（3）思政要点：本次事故中企业人员安全意识淡薄、管理混乱，此事故发生前，温州特种设备检测中心对该锅炉进行了内部检验，检验报告指出“安全阀、压力表已超期未校验，应及时检验”，但该公司未将安全阀及时送检而是自行修理等。我们要增强责任意识，严格遵守行业准则和职业规范，懂得珍惜生命，热爱生活。

案例2　贵州宝塔石化公司汽油罐雷击起火事故

（1）事故案例：2024年3月27日22时许，位于贵州省贵定县昌明经济开发区的贵州宝塔石化有限公司一汽油罐因雷击起火，无人员被困、无人员伤亡。

（2）事故原因：经调查认定，事件直接原因是强对流天气下雷电直击在汽油罐区TG-104储罐罐顶呼吸阀区域引燃油气，进而导致储罐内部汽油燃爆。经调查认定，本次事故是一起因极端强雷击引发的一般火灾事件。

（3）思政要点：本次事故发生后巡检人员听到雷声，同时听到爆燃声，发现TG-104汽油罐起火，立即拨打了119并报告公司领导，迅速启动应急消防设施，打开TG-103、TG-104、TG-105号罐的喷淋系统，并启动了TG-104着火罐的泡沫系统，随后撤离罐区，直至消防部门到场开展救援，未发生人员伤亡和次生灾害。认识安全是社会生产活动的前提，是社会经济加快建设、加快发展的先决条件，生命价值高于一切价值。我们要认识到安全理论要服务于安全生产，通过理论、技术和管理的创新减少人的不安全行为和物的不安全状态，以切实提高安全水平、降低生产事故和人员伤亡。牢固树立安全意识，严格遵守行业准则和职业规范，努力提升自身素养。明白从事行业的特殊性和复杂性，切勿因一时疏忽大意给自己和他人造成灾难性后果。同时明白生命的可贵与脆弱，懂得珍惜生命，热爱生活。

6.2　压力容器的操作、维护和安全状况评定

6.2.1　压力容器安全概述

6.2.1.1　压力容器的应用特点

（1）压力容器种类繁多、应用面广。主要应用于石油、化学和冶金工业。按其工艺功能分为反应容器、换热容器、分离容器和储运容器；按设计压力分为低压容器、中压容器、高压容器和超高压容器；按其设计压力和容积，结合工艺功能及其中物料的危险性分为第一类容器、第二类容器和第三类容器。

（2）压力容器操作条件复杂、安全要求高。温度：$-100\sim1000$ ℃；压力：真空 ~100 MPa；介质：易燃、易爆、腐蚀等有害物质。

6.2.1.2　压力容器安全管理

目前压力容器、中压容器管理推行的是系统工程管理方法，即把容器的科研、设计、制造、安装、操作、检验、修理、事故、报废和信息反馈各个环节作为一个系统工程加以研究。

压力容器的综合管理分为前半期寿命周期和后半寿命周期两部分。对在用压力容器在使用寿命周期内，根据容器安全状况等级确定定期检验周期实施定期检验。

6.2.2 压力容器的操作、维护和安全状况评定

6.2.2.1 压力容器工艺参数原则

压力容器的工艺规程、岗位操作法和容器的工艺参数应规定在压力容器结构允许的安全范围内（设计参数）。

使用单位不得任意改变压力容器的设计参数，严防超温、超压、过冷和强腐蚀条件下运行。

操作人员要熟悉工艺规程、岗位操作法和安全技术规程，通晓容器结构和工艺流程，经理论和实践考核合格者才能上岗。

6.2.2.2 压力容器操作维护

（1）压力容器操作维护需从工艺上制定措施，保证压力容器安全运行。

（2）加强防腐措施；

（3）根据存在缺陷的部位和性质，采用定期或状态监测，查明缺陷发展状况及发展程度，及时处理。

6.2.2.3 异常情况处理

发现下列情况之一者，立即停止运行压力容器。

（1）工作压力、工作壁温、有害物质浓度超出允许值，采取紧急措施仍不能下降者。

（2）安全附件失灵。

（3）受压元件发生裂纹、鼓包、变形或泄漏等。

（4）紧固件损坏、接管断裂。

（5）容器本身、相邻容器或管道发生火灾、爆炸等事故。

6.2.3 压力容器破坏形式和缺陷修复

6.2.3.1 压力容器的破坏形式

压力容器及其承压部件在使用过程中，尺寸、形状或材料性能会发生改变而完全失去或不能良好地实现原定的功能或继续使用中失去可靠性和安全性，因而需要立即停用进行修理或换掉，称为压力容器或其承压部件的失效。压力容器最常见的失效形式是破裂失效，有韧性破裂、脆性破裂、疲劳破裂、腐蚀破裂和蠕变破裂。

A 韧性破裂

韧性破裂是指承压特种设备器壁承受过高的应力达到了器壁材料的强度极限，而发生断裂破坏。

（1）韧性破裂的特点。器壁有明显的塑性变形，这是由于容器筒体器壁受力时，其环向应力比轴向应力大 1 倍，所以明显的塑性变形主要表现在承压特种设备直径增大、壁厚减薄，而轴向增长较小，从而产生“腰鼓形”变形。当容器发生韧性破裂时，圆周长的最大增长率和容积变形率达 10%～20%；韧性破裂的断口为切断形撕裂，一般呈暗灰色纤维状，断口不平齐，且与主应力方向成 40°夹角，韧性破裂时不产生碎片；韧性破裂时的爆破压力接近理论爆破压力，爆破口的大小随承压特种设备破坏时膨胀能量大小而异，释放的能量越大，爆破口越大；韧性破裂时，承压特种设备器壁的应力值很高；端口的微

观形貌为韧窝花样，韧窝的实质就是一些大小不等的圆形、椭圆形凹坑，这是材料微区塑性变形后在异相点处形成空洞、长大聚集、相互连接并最后导致断裂的痕迹。

（2）发生韧性破裂的原因。承压特种设备的韧性破坏只有在器壁整个截面上材料都处于屈服状态下才会发生，发生韧性破裂的主要原因：盛装液化气体的压力容器充装过程；使用中的压力容器超温超压运行；压力容器壳体选材不当；压力容器安装不符合安全要求；维护保养不当。

（3）韧性破裂的预防。在设计制造压力容器时，要选用有足够强度和厚度的材料，以保证承压特种设备在规定的工作压力下安全使用。压力容器应按核定的工艺参数运行，安全附件应安装齐全、正确，并保证灵敏可靠。

使用中加强巡回检查，严格按照工艺参数进行操作，严禁压力容器超温、超压、超负荷运行，防止过量充装。加强维护保养工作，采取有效措施防止腐蚀性介质及大气对承压特种设备的腐蚀。若发现承压特种设备器壁被严重腐蚀以致变薄或运行中器壁产生明显塑性变形时，应立即停止使用。

B 脆性破裂

并不是所有的压力容器在破裂时都经过显著的塑性变形，有些容器在破裂后经检查并没有发现可见的塑性变形现象，而且器壁的平均应力远低于材料的强度极限。这种破裂现象和脆性材料的破裂相似，故称为脆性破裂，有时也称为低应力破裂。

（1）脆性破裂特征。压力容器发生脆性破裂时，在破裂形状、断口形式等方面都具有一些与韧性破裂正好相反的特征：容器器壁几乎没有塑性变形；在应力低于材料的屈服强度时破坏；容器常常裂成碎块；断口呈金属光泽的结晶状，平直；在温度较低的情况下发生；破坏前无预兆，危害性大，难以预测。

（2）产生脆性破裂的原因。产生脆性破裂的原因主要是材料的韧性差，特别是在低温时下降很快。此外，承压部件存在缺陷时，在此区域应力增强，易产生应力集中。

（3）脆性破裂的预防。防止压力容器产生脆性破裂最基本的措施是减少或消除构件的缺陷，要求材料具有很好的韧性。设计时选用在低温下仍保持较好韧性的材料；并注意设计的结构合理，在制造时采取严格的工艺措施减少应力集中；在使用中加强检验，及早发现并消除缺陷。

C 疲劳破裂

疲劳破裂是压力容器常见的一种破裂形式。压力容器的疲劳破裂，绝大多数属于金属的低周疲劳，即承受较高的交变应力，而应力交变的次数并不是太高。一般情况下，压力容器的承压部件在长期反复交变载荷作用下，在应力集中处产生微裂纹，随着交变载荷的继续作用，裂纹逐渐扩大，导致破裂。

（1）疲劳破裂的特点。容器没有明显的塑性变形；破裂总是产生在应力集中的地方；只产生开裂，不产生碎片；从裂纹的形成、扩展到破裂有一个较为缓慢的发展过程；破裂总是经过长期的反复载荷作用后发生，应力低于抗拉强度；断面呈两个区域，即裂纹的形成和扩展区与脆断区。

（2）疲劳破裂的预防。压力容器的疲劳破裂既然是由于反复的交变载荷以及过高的局部应力引起的，那么要防止它发生这类事故，除了在运行中尽量避免不必要的频繁加压和卸压、过分的压力波动和悬殊的温度变化等因素外，主要还在于设计时采用合理的结构。一方面要避免产生应力集中，使容器器壁的个别部位的局部应力不至于超过材料的屈服强度；另一方面，如果容器上确实难以避免地要出现较高的局部应力，则应做疲劳分析和疲劳设计。

D　腐蚀破裂

腐蚀破裂是指承压特种设备材料在腐蚀性介质作用下，引起承压特种设备器壁由厚变薄或材料组织结构改变、力学性能降低，使承压特种设备承载能力不够而发生的破坏，这种破坏形式称为腐蚀破裂。

压力容器的腐蚀破裂都是应力腐蚀，因为压力容器一般都承受较大的拉伸应力，而它的结构也常常难以避免地有程度不同的应力集中处，如设备的开孔、焊缝等，且容器的工作介质又常常是带腐蚀性的。压力容器的应力腐蚀破裂是指容器壳体由于受到腐蚀介质的腐蚀而产生的一种破裂形式，是在腐蚀介质和拉伸应力的共同作用下产生的。腐蚀使金属材料的有效截面积减小和表面形成缺口，产生集中应力；而应力则可加速腐蚀的进行，使表面缺口向深处扩展，最后导致断裂。所以，应力腐蚀可使压力容器在应力低于它的强度极限时破坏，应力腐蚀是种相当危险的破裂形式，因为它常常是在未被发现的情况下突然断裂而发生损坏。

（1）腐蚀断裂的特点。应力既可以由载荷引起，也可以由焊接、装配或热处理引起，引起应力腐蚀的应力必须是拉应力，且应力可大可小，极低的应力水平也可能导致应力腐蚀破坏。纯金属不发生应力腐蚀，但几乎所有的合金在特定的腐蚀环境中都会产生应力腐蚀裂纹，极少量的合金或杂质都会使材料产生应力腐蚀。各种工程使用材料几乎都有应力腐蚀敏感性。

产生应力腐蚀的材料和腐蚀性介质之间有选择性和匹配关系，即当两者是某种特定组合时才会发生应力腐蚀。应力腐蚀是一个电化学腐蚀过程，包括应力腐蚀裂纹萌生、稳定扩展、失稳扩展等阶段，失稳扩展即造成应力腐蚀破裂。

（2）腐蚀断裂的预防。选择合适的抗腐蚀材料；采取必要的保护措施，使承压部件与腐蚀介质隔离；进行合理设计，避免高应力区；制造时制定合理的工艺，消除残余应力；使用中加强管理、定期检查维修。

E　蠕变破裂

蠕变是指金属材料在应力和高温的双重作用下产生的缓慢而连续的塑性变形。当承压部件长期在金属蠕变的高温下工作，壁厚会减薄，材料的强度有所降低，严重时会导致压力容器高温部件发生蠕变破裂。

产生蠕变破裂的原因主要是未选用抗蠕变性能好的合金钢来制造高温部件，结构设计不合理而使局部区域过热，制造时改变了材料的组织而降低了材料的抗蠕变能力以及由于操作或维护不当使承压部件局部过热。材料发生蠕变破裂时，一般都有明显的塑性变形，断口表面形成一层氧化膜。

预防高温承压部件蠕变破裂主要从以下几方面考虑：设计时根据使用温度选用合适的材料；合理设计结构，避免局部高温；制定正确的加工工艺，避免因加工而降低材料的抗蠕变性能；在使用中防止容器局部过热，经常维护保养，清除积垢、结碳，可有效防止蠕变破坏事故的发生。

压力容器及其承压部件在使用过程中，其尺寸、形状或材料性能发生改变，完全失去或不能良好地实现其原定功能，需要立即停用修复或更换，这就是压力容器及其承压部件的失效。最常见的失效形式是破裂失效，有韧性破裂、脆性破裂、疲劳破裂、腐蚀破裂、蠕变破裂等几种类型。

6.2.3.2 压力容器缺陷修复

压力容器的制造缺陷主要有成型组装缺陷和焊接缺陷等。

（1）打磨法：修复表面缺陷。

（2）补焊和堆焊方法：表面超深缺陷和埋藏缺陷。

（3）局部挖补或部分更换法：局部腐蚀超深、局部材质劣化、局部蠕变或局部鼓胀变形。

（4）层板包扎加固法：局部腐蚀严重，材料可焊性差，缺陷无法用焊接方法消除，结构条件允许。

（5）堵孔：发生穿孔腐蚀，制造时钻孔失误，运行中泄漏时，孔径小于设计规定的壳体无补强开孔直径。

6.2.4 压力容器安全状况等级评定

（1）安全状况等级评定原则。安全状况等级评定以评定项目等级最低项的等级作为压力容器的最终等级。评定等级分为5级，新制压力容器按规定1、2级可以投用，在用压力容器按规定1、2、3级可继续使用，4级控制使用，液化气体罐车、槽车不允许继续使用，5级应报废。

（2）安全状况等级评定包括材质评定、结构评定、缺陷评定。

（3）检验评定报告应包括所评定的安全状况等级、允许继续使用的参数、监控使用的限制条件、判废的依据及其他事宜。压力容器的检测检验要由具有相应资质的单位进行。

6.3 高压工艺管道的安全技术管理

6.3.1 概述

高压工艺管道由于承受高压，加上化工介质的易燃、易爆、有毒、强腐蚀和高温、低温特性，如发生事故，有很大危险性。

高压工艺管道危险因素有超温、超压、腐蚀、磨蚀和振动。

6.3.2 高压管道的设计、制造和安装

（1）高压管道设计。由有设计资质的单位承担；严格遵守有关国家标准和规范；设计单位应向施工单位提供完整的设计文件、施工图和计算书，并由设计单位总工程师签发方为有效。

（2）高压管道制造。高压管道制造必须由经过省级以上主管部门签订和批准的有资质的单位承担。制造单位应具有以下条件：有相应的技术力量和检验手段；有健全的管理制度和质量保障体系，并严格执行有关的规范标准；应出具产品合格证书，并对产品质量负责。

（3）高压管道安装。高压管道安装应由具有三类压力容器现场安装资质的单位承担。高压工艺管道检查应注意以下几点。

1）参数不得超过设计或缺陷评定后允许用工艺参数，严禁在超温、超压、强腐蚀和强震动条件下运行。

2）检查管道、管件、阀门和紧固件有无严重腐蚀、泄漏、变形、移位和破裂以及保温层完好程度。

3）检查管道有无强烈震动，管与管、管与相邻件有无摩擦，管卡、吊架和支撑有无松动或断裂。

4）检查管内有无异物撞击或摩擦的声音。

5）安全附件、指示仪表有无异常。

（4）高压工艺管道严禁以下作业：严禁作电焊机接地线或吊装重物的受力点；严禁带压紧固或拆卸螺栓，开停车有热紧要求的，要按设计规定热紧处理；严禁带压补焊作业；严禁热管线裸露运行；严禁借用热管线做饭或烘干物品。

6.3.3 高压管道技术检验

高压管道技术检验是掌握管道现状、消除缺陷、防范事故的主要手段。

（1）外部检验：车间每季度至少检查一次；企业每年至少检查一次。

（2）探查检验：定点测厚、解体抽查。

（3）全面检验：周期为 10～12 年至少一次，但不得超过设计寿命。全面检验主要包括：表面检查、解体检查和壁厚测定、焊缝埋藏缺陷探伤、破坏性取样检验，还包括耐压试验和气密性试验及出具评定报告。

6.4 动机械安全技术

6.4.1 人的不安全行为

人的不安全行为分操作失误和误入危险区。

（1）操作失误包括噪声的影响、布置与操作与习惯不一致、操作规程不完善、检查不力、操作者本身因素如技术和情绪等、动机械的突然异常使操作者紧张、缺乏危险性认识、取下安全罩或安全连锁装置等。

（2）误入危险区原因：操作状况的变化，产生心理负担；图省事，走捷径；条件反射；疲劳；没有看到、听到或看错、听错信号；出现错误思维；指挥不当、业务不熟、联络失误、紧急状态人的紧张。

6.4.2 动机械的不安全状态

（1）动机械的危险源包括旋转机件；传动部件、滚筒、直线往复运动的部位、冲压、剪切、锻压、操纵点、控制点、取样等。

（2）动机械不安全状态原因包括设计阶段的原因，制造、安装阶段的原因，使用、维修阶段的原因。

6.4.3 动机械防护

动机械防护重点环节是防止出现人的不安全行为和动机械的不安全状态。

（1）防止人的不安全行为：制定操作规程、经常进行安全教育和技术培训、加强劳动纪律、改善操作环境、优化人机匹配。

（2）提高动机械的安全可靠性：零部件安全、控制系统的安全、操纵器安全、操作人员安全防护。

（3）预防人身伤害的防护装置或设施：防护罩、防护栏、警示标志等。

6.5 电气设备危险与防护

6.5.1 电气危险概述

（1）化工企业生产中，由于易燃、易爆、有毒、腐蚀严重、生产连续等特点，对电气安全技术提出了新的要求：

1）电气设备和线路必须防火防爆。

2）要求电气有一定的耐腐蚀能力。

3）对电气设备的操作要求远程操作、自动控制、自动调节等。

4）对电气设备的供电要求可靠，一般采用双电源供电，并采用备用电源自动投入装置等。

（2）触电的原因：

1）接触裸露的带电体或过分接近带电体。

2）绝缘老化，漏电使电气线路外皮带电。

3）正常时不带电，仅在事故情况下带电而造成触电。此类事故极易发生，例如，电气设备外壳带电。

4）不懂或缺乏电气安全知识，没有严格执行电气安全技术规程或违反操作。

6.5.2 触电对人体的危害

触电对人体的危害就是电流对人体的伤害，这种伤害可分为两类：

（1）由于电流通过人体而引起身体内部器官的创伤，这叫电击。它对人体肌肉起到剧烈的收缩作用，使人体细胞受到严重伤害，如神经麻木，严重的能使心脏停止跳动，以致死亡。

（2）电伤，电伤是电流的热效应、化学效应和机械效应对人体外部造成的局部创伤，如电弧烧伤等。电伤和电击可能同时发生，尤其在高压触电事故中。

6.5.3 触电防护技术和措施

6.5.3.1 绝缘

绝缘是用绝缘物把带电体封闭起来。该绝缘物只有遭到破坏时才失效。电工绝缘材料的体积电阻率一般在 $10^7\ \Omega/m^3$ 以上。

6.5.3.2 屏护和间距

屏护是借助屏障物防止触及带电体。屏护装置包括护栏和障碍，可以防止触电，也可以防止电弧烧伤和弧光短路等事故。护栏高度不应低于1.7 m。屏护装置上应悬挂“高压危险”的警告牌。

间距是将带电体置于人和设备所及范围之外的安全措施。

6.5.3.3 保护接地或接零

保护接地或接零是防止间接接触电击的安全措施。

保护接地适用于各种不接地电网。在这些电网中，由于绝缘损坏或其他原因可能使正常不带电的金属部分呈现危险电压。如变压器、电机、照明器具的外壳和底座，配电装置的金属构架，配线钢管或电缆的金属外皮等。

保护接零是把设备外壳与电网保护零线紧密连接起来。当设备带电部分碰连其外壳时，即形成相线对零线的单相回路，短路电流将使线路上的过流速断保护装置迅速启动，断开故障部分的电源，消除触电危险。

6.5.3.4 漏电保护

依据启动原理和安装位置，漏电保护装置可分为电压型、零序电流型、中性点型、泄漏电流型等几种类型。

（1）电压型漏电保护装置是以设备外壳对地电压作为启动信号。发生漏电，设备外壳对地电压达到启动数值时，继电器迅速启动，切断接触器的控制回路，从而断开设备的电源。

（2）零序电流型漏电保护装置是以零序电流互感器作为检测器。正常时，三线电流在其铁心中产生的磁场互相抵消，互感器副边不产生感应电势，继电器不启动，开关保持在闭合位量。设备漏电时，产生零序电流，感应器副边产生感应电势。继电器启动，并通过脱扣机构使开关断开电源。

（3）中性点型漏电保护装置是把灵敏电流继电器的线圈并联在击穿保险器的两端。正常时，零序电流很小，继电器不启动；当设备漏电、有人单相触电、一相或两相接地、一相或两相对地绝缘降低到一定程度时，继电器迅速启动，通过接触器断开电源。

（4）泄漏电流型漏电保护装置的继电器是由两个整流器供给直流电源，直流电经零序电压互感器、变压器、线路对地绝缘电阻构成回路。当设备漏电或有人单相触电时，出于各相对地平衡遭到破坏，互感器输出零序电压，继而整流器输出直流电压，从而使继电器启动，通过接触器断开电路。

6.5.4 触电急救

6.5.4.1 急救原则

（1）坚定急救意识。在发现触电者后，绝不可以认为已经死亡而放弃急救，要有坚定的急救意识。应立即采取有效的急救措施，进行耐心、持久的抢救。资料记载有触电者经过4 h乃至更长时间抢救复苏的病例。

（2）抓紧抢救时机。统计资料表明，从触电后1 min开始救治者，有90%效果良好；

从触电后 6 min 开始救治者，有 10% 效果良好；从触电后 12 min 开始救治者，救活的可能性很小。

6.5.4.2 脱离电源的方法

只有在触电者脱离了电源后，才能对触电者施救。触电急救中，使触电者脱离电源的方法有以下几种：

（1）触电地点附近有电源开关或插头，可立即拉开开关或拔掉插头，使电源断开。

（2）如果远离电源开关，可用有绝缘的电工钳剪断电线，或者带绝缘木把的斧头、刀具砍断电源线。

（3）如果是带电线路断、落造成的触电，可利用手边干燥的木棒、竹竿等绝缘物，把电线拨开，或用衣物、绳索、皮带等绝缘物将触电者拉开，使其脱离电源。

（4）如果是高压触电，必须通知电气人员，切断电源后方可进行抢救。

6.5.4.3 现场急救措施

（1）触电者伤害不严重。如果只是四肢麻木，全身无力，而神志还清醒，或者虽一度昏迷但没失去知觉者，可使其就地休息 1 ~2 h，并严密观察。

（2）触电者伤害较严重，心脏虽跳动，但无知觉无呼吸音，应立即进行人工呼吸；如有呼吸而心脏停止跳动者，应立即采用人工体外挤压法进行救治。

（3）触电者伤害很严重，心脏和呼吸都已停止，两眼瞳孔放大，此时，必须同时采取口对口的人工呼吸和人工体外挤压两种方法救治，而且要有充分耐心坚持下去，尽可能坚持抢救 6 h 以上。直到把人救活或确诊已经死亡为止。如果决定送医院救治，在途中切不可中断急救措施。

（4）触电者有外伤，可采用食盐水或温开水冲洗伤口并用酒精消毒后包扎，防止创伤表面受细菌感染。如伤口出血，要设法止血。在抢救触电者时，严禁注射强心针。人体触电时心脏在电流作用下出现颤动和收缩，脉搏跳动微弱，血液传播混乱。这时注射强心针只会加剧对心脏的刺激。尽管精神上可能呈现瞬间好转，但很快就会转向恶化，造成心力衰竭死亡。

6.6 压缩机操作与维护

6.6.1 压缩机操作中的危险因素

（1）机械伤害。压缩机的轴、联轴器、飞轮、活塞杆、皮带轮等裸露运动部件可造成对人的伤害。

零部件的磨蚀、腐蚀或冷却、润滑不良及操作失误，超温、超压、超负荷运转，均有可能引起断轴、烧瓦、烧缸、烧填料、零部件损害等重大机械事故。这不仅造成机械设备损坏，对操作者和附近的人也会构成威胁。

（2）爆炸和着火。输送易燃、易爆介质的压缩机，在运转或开停车的过程中极易发生爆炸和着火事故。这是因为气体在压缩过程中温度和压力升高，使其爆炸下限降低，爆炸危险性增大。

温度和压力的变化，易发生泄漏。处于高温、高压的可燃介质一旦泄漏，体积会迅速膨胀并与空气形成爆炸性气体，加上泄漏点漏出的气体流速很高，极易在喷射口产生静电火花而导致着火爆炸。

（3）中毒。输送有毒介质的压缩机，由于泄漏、操作失误、防护不当等，易发生中毒事故。另外，在生产过程中对废气、废液的排放管理不善或违反操作规程进行不合理排放；操作现场通风、排气不好等，也易发生中毒。

（4）噪声危害。压缩机在运转时会产生很强的噪声。如空气鼓风机、煤气鼓风机、空气透平机等的工业噪声级常可达到 92 ~ 110 dB，大大超过国家规定的噪声级标准，对操作者有很大危害。

（5）高温与中暑。压缩机操作岗位环境温度一般比较高，特别是夏季，受太阳辐射热的影响，常产生高温、高湿度、强热辐射的特殊气候条件，影响人体的正常散热功能，引起体温调节障碍而引起中暑。

6.6.2　压缩机操作安全

压缩机操作应遵守下列原则：

（1）时刻注意压缩机的压力、温度等各项工艺指标是否符合要求。如有超标现象应及时查找原因，及时处理。

（2）经常检查润滑系统，使之通畅、良好。所用润滑油的牌号必须符合设计要求。润滑油必须严格实行三级过滤制度，充分保证润滑油的质量。属于循环使用的润滑油，必须定期分析化验，并定期补加新油或全部更换再生，使润滑油的闪点、黏度、水分、杂质、灰分等各项指标保持在设计要求范围之内。采用循环油泵供油的，应注意油箱的油压和油位；采用注油泵自动注油的，则应注意各注油点的注油量。

（3）气体在压缩过程中会产生热量，这些热量是靠冷却器和气缸夹套中的冷却水带走的。必须保证冷却器和水夹套的水畅通，不得有堵塞现象。冷却器和水夹套必须定期清洗，冷却水温度不应超过 40 ℃。如果压缩机运转时，冷却水突然中断，应立即关闭冷却水入口阀，而后停机令其自然冷却，以防设备很热时，放进冷却水使设备骤冷发生炸裂。

（4）应随时注意压缩机各级出入口的温度。如果压缩机某段温度升高，则有可能是压缩比过大、活门损坏、活塞环损坏、活塞托瓦磨损、冷却或润滑不良等原因造成的。应立即查明原因，做相应的处理。如不能立即确定原因，则应停机全面检查。

（5）应定时（每 30 min）把分离器、冷却器、缓冲器分离下来的油水排掉。如果油水积蓄太多，就会带入下一级气缸。少量带入会污染气缸、破坏润滑，加速活塞托瓦、活塞环、气缸的磨损；大量带入则会造成液击，毁坏设备。

（6）应经常注意压缩机的各运动部件的工作状况。如有不正常的声音、局部过热、异常气味等，应立即查明原因，做相应的处理。如不能准确判断原因，应紧急停车处理。

（7）压缩机运转时，如果汽缸盖、活门盖、管道连接法兰、阀门法兰等部位漏气，需停机卸掉压力后再进行处理。

（8）在寒冷季节，压缩机停机后，系统中的冷却水排出或进行强制循环。

（9）压缩机开车前必须盘车。如果压缩可燃气体，开车前必须进行置换。

6.7 泵操作安全

6.7.1 往复泵操作安全

（1）泵在启动前必须进行全面检查，检查的重点是：盘根箱的密封性、润滑和冷却系统状况、各阀门的开关情况、泵和管线的各连接部位的密封情况等。

（2）盘车数周，检查是否有异常声响或阻滞现象。

（3）具有空气室的往复泵，应保证空气室内有一定体积的气体，应及时补充损失的气体。

（4）检查各安全防护装置是否完好、齐全，各种仪表是否灵敏。

（5）为了保证额定的工作状态，对蒸汽泵通过调节进汽管路阀门改变双冲程数，对动力泵则通过调节原动机转数或其他装置。

（6）泵启动后，应检查各传动部件是否有异声，泵负荷是否过大，一切正常后方可投入使用。

（7）泵运转时突然出现不正常，应停泵检查。

（8）结构复杂的往复泵必须按制造厂家的操作规程进行启动、停泵和维护。

6.7.2 离心泵操作安全

（1）开泵前，检查泵的进排出阀门的开关情况，泵的冷却和润滑情况，压力表、温度计、流量表等是否灵敏，安全防护装置是否齐全。

（2）盘车数周，检查是否有异常声响或阻滞现象。

（3）按要求进行排气和灌注。如果是输送易燃、易爆、易中毒介质的泵，在灌注、排气时，应特别注意勿使介质从排气阀内喷出。如果是易腐蚀介质，勿使介质喷到电机或其他设备上。

（4）应检查泵及管路的密封情况。

（5）启动泵后，检查泵的转动方向是否正确。当泵达到额定转数时，检查空负荷电流是否超高。当泵内压力达到工艺要求后，立即缓慢打开出口阀。泵开启后，关闭出口阀的时间不能超过 3 min。因为泵在关闭排出阀运转时，叶轮所产生的全部能量都变成热能使泵变热，时间一长有可能把泵的摩擦部位烧毁。

（6）停泵时，应先关闭出口阀，使泵进入空转，然后停下原动机，关闭泵入口阀。

（7）泵运转时，应经常检查泵的压力、流量、电流、温度等情况，应保持良好的润滑和冷却，应经常保持各连接部位、密封部位的密封性。

（8）如果泵突然发出异声、振动、压力下降、流量减小、电流增大等不正常情况时，应停泵检查，找出原因后再重新开泵。

（9）结构复杂的离心泵必须按制造厂家的要求进行启动、停泵和维护。

习题与答案

6-1 锅炉如何分类？

答：按用途分为：电站锅炉、工业锅炉、机车锅炉、船舶锅炉、生活锅炉。

按压力分为：低压锅炉、中压锅炉高压锅炉、亚临界压力锅炉、超临界压力锅炉、超超临界压力锅炉。

按装置方式分：为固定式锅炉和移动式锅炉。

按锅炉结构分为：火管锅炉、水管锅炉和水火管组合锅炉。

6-2 锅炉常见事故有哪些？

答：水位异常、汽水共沸、燃烧异常、承压部件损坏。

6-3 高压工艺管道的全面检验包括哪些？

答：表面检查、解体检查和壁厚测定、焊缝埋藏缺陷探伤、破坏性取样检验，还包括耐压试验和气密性试验及出具评定报告。

参 考 文 献

[1] 钱冰．压力容器制造与安全研究［M］. Singapore：Viser Technology Pte. Ltd.，2023.

[2] 国家质量监督检验检疫总局. 锅炉安全管理人员和操作人员考核大纲：TSG G6001—2009［S/OL］.［2024-06-24］. https://wenku. baidu. com/view/4af4871bde3383c4bb4cf7ec4afe04a1b171b01d. html.

[3] 国防科学技术工业委员会. 航天通用安全检查细则：QJ 1421—2006［S/OL］.［2024-06-24］. https://kns. cnki. net/kcms2/article/abstract？ v =-xbefZa1CdtHue341gj1lqOHiClPsqaWIN5CwCUY4fhFthidSbdbJrWMhzWwP3lA0jzKAy10_M_-zYp5Gi1PDdzUbLDkVEJlCQxcw2XJgfVMkVcEBzVXVqkXQWIrw5AwYQQB9kEKXgXah6_PgeC74m64NFlWWMcs_e18dupuPIQzstVoFeenBNPwN-LyWLJE&un

[4] 王正方．基于灰色系统理论的压力容器安全运行研究［D］. 东营：中国石油大学，2008.

[5] 雷艳．压力容器检验中的可靠性与安全性评估研究［J］. 产品可靠性报告，2024（1）：131-133.

[6] 赵倩茹．化工压力容器设计的成本效益及安全性分析［J］. 化工设计通讯，2023，49（12）：45-48.

[7] ALEKSANDAR S，MAHDI A，SNEZANA K，et al. Industrial safety of pressure vessels-structural integrity point of view［J］. Hemijska Industrija，2016，70（6）：685-694.

[8] 赵瑞峰．特种机电设备安全检测与风险管理策略［J］. 中国设备工程，2023（24）：175-177.

[9] 李宗奇，马惠珠，周慧敏，等．危险化学品企业电气设备安全监管要述［J］. 化工管理，2022（1）：85-88.

[10] 路昊，熊佳琪，汤骥．化工企业电气设备安全全生命周期管理研究［J］. 工业安全与环保，2022，48（8）：62-65.

[11] 张姿琪．化工园区仪表电气设备安装及养护管理［D］. 乌鲁木齐：新疆大学，2020.

7 爆炸事故及其后果评价

【导读】

火灾、爆炸是常见的重大事故，经常造成严重的人员伤亡和巨大的财产损失，影响社会安定。事故后果分析作为安全评价的一种类型，对事故后果进行分析及预测，为预测火灾、爆炸事故造成的后果提供准确有效的数据，大大缩短了灾害后果评估时间，提高灾害后果评估精度，对预防、减少人员伤亡和财产损失有积极影响。本章节重点介绍爆炸及爆炸事故后果评价，并引入爆炸事故案例，供学生深入分析，从而激发学生对生命的敬畏，加深对安全生产重要性的认知，加强职业认同感。

【学习要求】

(1) 了解爆炸的分类。

(2) 了解爆炸冲击波及其伤害作用。

(3) 熟练掌握火灾爆炸预测模型。

7.1 概　述

7.1.1 爆炸阶段

爆炸是物质的一种非常急剧的物理、化学变化，也是大量能量在短时间内迅速释放或急剧转化成机械功的现象。它通常是借助于气体的膨胀来实现。

从物质运动的表现形式来看，爆炸就是物质剧烈运动的一种表现。物质运动急剧增速，由一种状态迅速转变成另一种状态，并在瞬间内释放出大量的能量。

一般来说，爆炸现象具有以下特征：爆炸过程进行得很快；爆炸点附近压力急剧升高，产生冲击波；发出或大或小的响声；周围介质发生震动或邻近物质遭受破坏。

一般将爆炸过程分为两个阶段：第一阶段，物质的能量以一定的形式（定容、绝热）转变为强压缩能；第二阶段，强压缩能急剧绝热膨胀对外做功，引起作用介质变形、移动和破坏。

7.1.2 爆炸分类

按爆炸性质可分为物理爆炸和化学爆炸。物理爆炸就是物质状态参数（温度、压力、体积）迅速发生变化，在瞬间放出大量能量并对外做功的现象。如锅炉爆炸、液化气体罐超压爆炸等。化学爆炸就是物质由一种化学结构迅速转变为另一种化学结构，在瞬间放出大量能量并对外做功的现象。如可燃气体爆炸、粉尘爆炸等。

化学爆炸的特点：爆炸发生过程中介质的化学性质发生了变化。形成爆炸的能量来自物质迅速发生化学变化时所释放的能量。TNT 爆炸、硝酸酯类化合物爆炸、叠氮化物爆炸、硝基芳香类炸药的爆炸以及一些有机过氧化物操作不慎引发的爆炸等，都属于化学爆炸。化合物中存在的一些不稳定结构基团，是发生化学爆炸的基础和前提条件。部分常见的与化学爆炸相关的不稳定结构基团见表 7-1。

化学爆炸的三要素：反应的放热性、反应的快速性、生成气体产物。

化学爆炸时会释放出大量的化学能，爆炸影响范围较大；物理爆炸仅释放出机械能，其影响范围较小。

表 7-1　一些不稳定结构基团示例

结构基团	化合物类型	结构基团	化合物类型
—C≡C—金属	乙炔金属化合物	—O—X	次石（岩）盐
≡N—O—	氨基氧化物	$—O—NO_2$	硝酸盐
—N═N═N	叠氮化合物	—O—NO	亚硝酸盐
$—ClO_3$	氯酸盐	$—NO_2$	硝基化合物
—N═N—	重氮化合物	—NO	亚硝基化合物
—N≡N—X	重氮卤代物	—O—O—O—	臭氧化合物
—O—N═C<	雷酸盐	—CO—O—O—H	过酸化合物
—N（ClX）	N—卤代胺	$—ClO_4$	高氯酸盐
—O—O—H	过氧化氢物	—O—O—	过氧化物

7.2　物理爆炸的能量

7.2.1　压缩气体与水蒸气容器爆破能量

物理爆炸如压力容器破裂时，气体膨胀所释放的能量（即爆破能量）不仅与气体压力和容器体积有关，而且与介质在容器内的物性相态有关。气态、液态、两相状态发生爆炸时采用的评估模型不同。

当压力容器中介质为压缩气体，即以气态形式存在而发生物理爆炸时，其释放的爆炸能量为：

$$E_g = \frac{pV}{k-1}\left[1-\left(\frac{0.1013}{p}\right)^{\frac{k-1}{k}}\right]\times 10^3 \tag{7-1}$$

式中，E_g 为气体的爆破能量，kJ；p 为容器内气体的绝对压力，MPa；V 为容器的容积，m^3；k 为气体的绝热指数，即气体的定压比热与定容比热之比。

从表 7-2 中可以看出，空气、氮、氧、氢及一氧化氮、一氧化碳等气体的绝热指数均为 1.4 或近似 1.4。

表 7-2　常用气体的绝热指数

气体名称	空气	氮	氧	氢	甲烷
k 值	1.4	1.4	1.397	1.412	1.316
气体名称	二氧化碳	一氧化碳	二氧化氮	氨气	氯气
k 值	1.295	1.4	1.31	1.32	1.35

若用 $k=1.4$ 代入式（7-1）中，则：

$$E_g = 2.5pV\left[1-\left(\frac{0.1013}{p}\right)^{0.2857}\right]\times 10^3 \tag{7-2}$$

令

$$C_g = 2.5\left[1-\left(\frac{0.1013}{p}\right)^{0.2857}\right]\times 10^3 \tag{7-3}$$

则

$$E_g = C_g V \tag{7-4}$$

式中，C_g 为常用压缩气体爆破能量系数，kJ/m^3。

压缩气体爆破能量系数是压力的函数，各种常用压力下的气体爆破能量系数见表 7-3。

表 7-3　各种常用压力下的气体爆破能量系数

表压力 p/MPa	爆炸能量系数 C_g/kJ · m^{-3}	表压力 p/MPa	爆炸能量系数 C_g/kJ · m^{-3}
0.2	2×10^2	4.0	6.7×10^3
0.4	4.6×10^2	5.0	8.6×10^3
0.6	7.5×10^2	6.4	1.1×10^4
0.8	1.1×10^3	15	2.7×10^4

若将 $k=1.135$ 代入式（7-1）中，可得干饱和蒸气容器爆破能量为：

$$E_s = 7.4pV\left[1-\left(\frac{0.1013}{p}\right)^{0.1189}\right]\times 10^3 \tag{7-5}$$

对于常用压力下的干饱和蒸气容器的爆破能量可按下式计算：

$$E_g = C_s V \tag{7-6}$$

式中，E_g 为水蒸气的爆破能量，kJ；V 为水蒸气的体积，m^3；C_s 为干饱和水蒸气爆破能量系数，kJ/m^3。

表压力 p 与爆炸能量系数 C_s 对应数值见表 7-4。

表 7-4　表压力与爆炸能量系数

表压力 p/MPa	爆炸能量系数 C_s/kJ · m^{-3}	表压力 p/MPa	爆炸能量系数 C_s/kJ · m^{-3}
0.3	4.37×10^2	1.3	2.75×10^3
0.5	8.31×10^2	2.5	6.24×10^3
0.8	1.5×10^3	3.0	7.77×10^3

7.2.2 介质全部为液体时的爆破能量

介质全部为液体时的爆破能量：通常用液体加压时所做的功作为常温液体压力容器爆炸时释放的能量，计算公式如下：

$$E_L = \frac{(p-1)^2 V\beta_t}{2} \tag{7-7}$$

式中，E_L 为常温液体压力容器爆炸时释放的能量，kJ；p 为液体的压力（绝），Pa^{-1}；V 为容器的体积，m^3；β_t 为液体在压力 p 和温度 T 下的压缩系数，如液氯的压缩系数在 50 ℃ 时为 2.705×10^{-3}，在 60 ℃时为 3.175×10^{-3}。

7.2.3 液化气体与高温饱和水的爆破能量

液化气体与高温饱和水一般在容器内以气液两态存在，当容器破裂发生爆炸时，除了气体的急剧膨胀做功外，还有过热液体激烈的蒸发过程。在大多数情况下，这类容器内的饱和液体占有容器介质重量的绝大部分，它的爆破能量比饱和气体大得多。在饱和状态下的液体称为饱和液体，其对应的蒸气是饱和蒸气，但最初只是湿饱和蒸气，待蒸气中的水分完全蒸发后才是干饱和蒸气。蒸气从不饱和到湿饱和再到干饱和的过程温度是不增加的，干饱和之后继续加热则温度会上升，成为过热蒸气。

过热状态下液体在容器破裂时释放出的爆破能量：

$$E = [(H_1 - H_2) - (S_1 - S_2)T_1]W \tag{7-8}$$

式中，E 为过热状态液体的爆破能量，kJ；H_1 为爆炸前饱和液体的焓，kJ/kg；H_2 为在大气压力下饱和液体的焓，kJ/kg；S_1 为爆炸前饱和液体的熵，kJ/(kg·℃)；S_2 是在大气压力饱和液体的熵，kJ/(kg·℃)；T_1 为介质在大气压力下的沸点,℃；W 为饱和液体的质量，kg。

饱和水容器的爆破能量按式（7-9）计算：

$$E_W = C_W V \tag{7-9}$$

式中，E_W 为饱和水容器的爆破能量，kJ；V 为容器内和水所占的容积，m^3；C_W 为饱和水爆破能量系数，kJ/m^3。

表压力 p 与饱和水爆破能量系数 C_W 见表 7-5。

表 7-5 表压力与饱和水爆破能量系数

表压力 p/MPa	饱和水爆破能量系数 C_W/$kJ\cdot m^{-3}$	表压力 p/MPa	饱和水爆破能量系数 C_W/$kJ\cdot m^{-3}$
0.3	2.38×10^4	1.3	6.35×10^4
0.5	3.25×10^4	2.5	9.56×10^4
0.8	4.56×10^4	3.0	1.06×10^5

提示：在进行此类计算时，一般不考虑气体膨胀做的功。

7.3 爆炸冲击波及其伤害——破坏作用

7.3.1 爆炸冲击波

压力容器爆破时，爆破能量在向外释放时有 3 种形式：冲击波能量、碎片能量、容器残余变形能量。碎片能量和容器残余变形能量只占总爆破能量的3%~15%。

爆炸冲击波是由压缩波叠加形成，是波阵面以突进形式在介质中传播的压缩波。容器破裂时，器内的高压气体大量冲出，使周围的空气受到冲击波而发生扰动，使其状态（压力、温度、密度等）发生突跃变化，其传播速度大于扰动介质的声速，这种扰动在空气中的传播就成为冲击波。

在距离爆心一定距离点上，爆炸开始后传播到这一点上的最大正压力称为冲击波波阵面上的超压 Δp。

冲击波伤害、破坏作用准则有：超压准则、冲量准则、超压-冲量准则等。

7.3.2 冲击波的超压

冲击波波阵面的超压与产生冲击波的能量有关，同时也与距离爆炸中心的远近有关。冲击波的超压与爆炸中心距离的关系为：

$$\Delta p \propto R^{-n} \tag{7-10}$$

式中，Δp 为冲击波波阵面的超压，MPa；R 为距爆炸中心的距离，m；n 为衰减系数。

衰减系数在空气中随着超压的大小而变化，在爆炸中心附近内为2.5~3.0；当超压在数个大气压以内时为2；超压小于1 atm时，衰减系数为1.5。

实验数据表明，不同数量的同类炸药发生爆炸时，如果距离爆炸中心的距离 R 之比与炸药量 q 三次方根之比相等，则所产生的冲击波超压相同，用公式表示如下：

$$\frac{R}{R_0} = \sqrt[3]{\frac{q}{q_0}} = \alpha \longrightarrow \Delta p = \Delta p_0 \tag{7-11}$$

式中，R 为目标与爆炸中心距离，m；R_0 为目标与基准爆炸中心的相当距离，m；q_0 为基准爆炸能量，TNT，kg；q 为爆炸时产生冲击波所消耗的能量，TNT，kg；Δp_0 为目标处的超压，MPa；α 为炸药爆炸试验的模拟比。

也可写成：

$$\Delta p(R) = \Delta p_0\left(\frac{R}{\alpha}\right) \tag{7-12}$$

利用上式就可以根据某些已知药量的试验所测得的超压来确定任意药量爆炸时在各种相应距离下的超压。综上所述，计算压力容器爆破时对目标的伤害和破坏作用，可按下列程序进行。首先根据容器内所装介质的性质，计算出其爆破能量 E。将爆破能量 q 换算成TNT当量 q_0 因为1 kg。TNT爆炸所放出的爆炸能量4230~4836 kJ/kg，取平均值为4500 kJ/kg，故其关系为：

$$q = \frac{E}{q_{\mathrm{TNT}}} = \frac{E}{4500} \tag{7-13}$$

求出爆炸的模拟比：

$$\alpha = \left(\frac{q}{q_0}\right)^{1/3} = \left(\frac{q}{1000}\right)^{1/3} = 0.1q^{1/3} \tag{7-14}$$

求出在1000 kg TNT爆炸试验中的相当距离，即根据值在表中找出距离为处的超压 Δp_0（中间值用插入法），此即所求距离为 R 处的超压。根据超压 Δp 值，从表7-6和表7-7中找出对人员和建筑物的伤害、破坏作用。

表 7-6 超压波对人体的伤害和对建筑的破坏作用表

超压 Δp/MPa	伤害作用	超压 Δp/MPa	伤害作用
0.02 ~ 0.03	轻微损伤	0.05 ~ 0.10	内脏严重或死亡
0.03 ~ 0.05	听觉器官损伤或骨折	>0.10	大部分人员死亡

表 7-7 冲击波超压对建筑物的破坏作用

超压 Δp/MPa	破坏作用	超压 Δp/MPa	破坏作用
0.005 ~ 0.006	门、窗玻璃部分破碎	0.06 ~ 0.07	木建筑厂房房柱折断，房架松动
0.006 ~ 0.015	受压面的门窗玻璃大部分破碎	0.07 ~ 0.10	砖墙倒塌
0.015 ~ 0.02	窗框损坏	0.10 ~ 0.20	防震钢筋混凝土破坏，小房屋倒塌
0.02 ~ 0.03	墙裂缝		
0.04 ~ 0.05	墙大裂缝，屋瓦掉下	0.20 ~ 0.30	大型钢架结构破坏

7.3.3 蒸气云爆炸的冲击波伤害、破坏半径

爆炸性气体以液态储存，如果瞬间泄漏后遇到延迟点火或气态储存时泄漏到空气中，遇到火源，则可能发生蒸气云爆炸。一般来说，只有压缩能和热能才能单独形成蒸气云。根据荷兰国家应用科学研究院（TNO）建议，可按式（7-15）预测蒸气云爆炸的冲击波的损害半径：

$$R = C_s(NVH_c)^{1/3} \tag{7-15}$$

式中，R 为损害半径，m；V 为参与反应的可燃气体的体积，m^3；H_c 为可燃气体的高燃烧热值，kJ/m^3，取值情况见表 7-8；N 为效率因子，其值与燃烧浓度持续展开所造成损耗的比例和燃料燃烧所得机械能的数量有关，一般取 $N=10\%$；C_s 为经验常数，取决于损害等级，其取值情况见表 7-9。

表 7-8 某些气体的高燃烧热值

气体名称		高燃烧热值/$kJ \cdot m^{-3}$	气体名称	高燃烧热值/$kJ \cdot m^{-3}$
氢气		12770	乙烯	6419
氨气		17250	乙炔	58985
苯		47843	丙烷	101828
一氧化碳		17250	丙烯	94375
硫化氢	生成 SO_2	25708	正丁烷	134026
	生成 SO_3	30146	异丁烷	132016
甲烷		39860	丁烷	121883
乙烷		70425		

表 7-9 损害等级表

损害等级	C_s/mJ$^{-1/3}$	设备损坏	人员伤害
1	0.03	重创建筑物和加工设备	1%死亡于肺部伤害 >50%耳膜破裂 >50%被碎片击伤
2	0.06	损害建筑物外表，可修复性破坏	1%耳膜破裂 1%被碎片击伤
3	0.15	玻璃破碎	被破碎玻璃击伤
4	0.4	10%玻璃破碎	

7.4 各种 VCE 计算模型

7.4.1 TNT 当量法

TNT 当量法的基本思想是把蒸气云质量转换成等当量的 TNT。一般情况下，燃料燃烧的热量只有一小部分以冲击波的形式表现出来，因此该方法假定只有一定比例（1%～10%）的燃料对超压形成有贡献。其基本公式为：

$$W_{TNT} = \alpha_e \frac{W_f H_f}{H_{TNT}} \tag{7-16}$$

式中，W_{TNT}为蒸气云的 TNT 当量，kg；W_f 为蒸气云中染料的质量，kg；H_f 为燃料的燃烧热，MJ/kg；H_{TNT}为 TNT 的爆轰能量，4.52 MJ/kg；α_e 为效率系数。

地面 TNT 爆炸的爆炸超压图和爆炸冲量图分别如图 7-1 和图 7-2 所示。

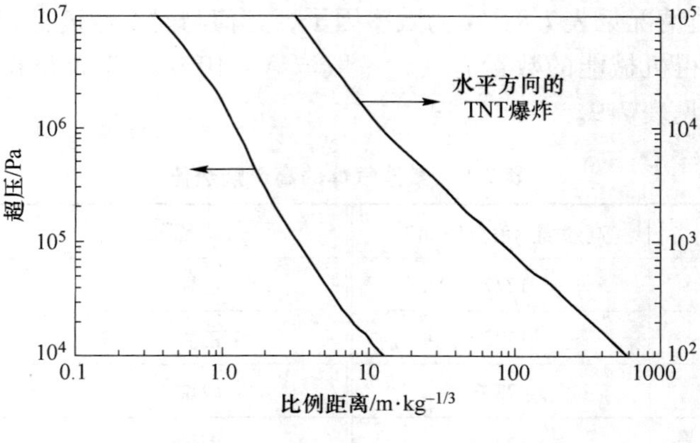

图 7-1 地面 TNT 爆炸的爆炸超压图

7.4.2 TNO 方法

TNO 方法描述的是位于地面的半球形气云的爆炸问题，如图 7-3 所示。其基本思想是计算出气体云团的燃烧能，通过特征爆炸长度来求出一定距离处的爆炸超压。特征爆炸

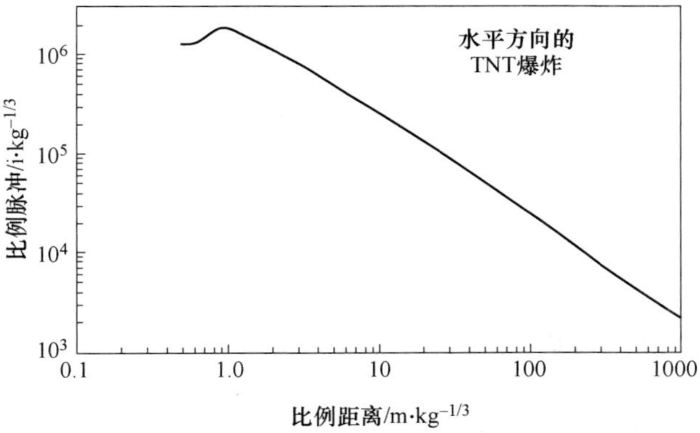

图 7-2 地面 TNT 爆炸的爆炸冲量图

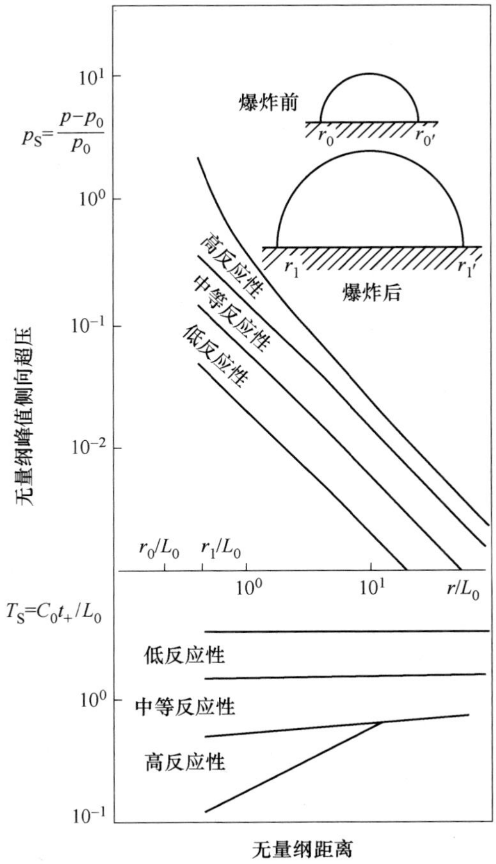

图 7-3 TNO 方法计算用图

长度定义：

$$L_0 = \left(\frac{2}{3} \times \pi \times r_0^3 \times \frac{E_c}{p_0} \right)^{\frac{1}{3}} \tag{7-17}$$

式中，L_0 为特征爆炸长度，m；r_0 半球形云团的半径，m；E_c 气云燃烧能量密度，J/m^3；p_0 环境压强，Pa。

7.4.3 多能法

相对于前面两种方法而言，多能法强调的是障碍物和边界约束对爆炸后果的影响，该方法根据气体受限程度的不同把蒸气云分成若干块体积，每块体积对应于一个爆炸强度指数（1～10）。爆炸强度指数为 1 对应于无约束或无障碍的蒸气云爆炸，而 10 则对应于蒸气云爆轰。图 7-4 为静态超压存在时间与距离关系。

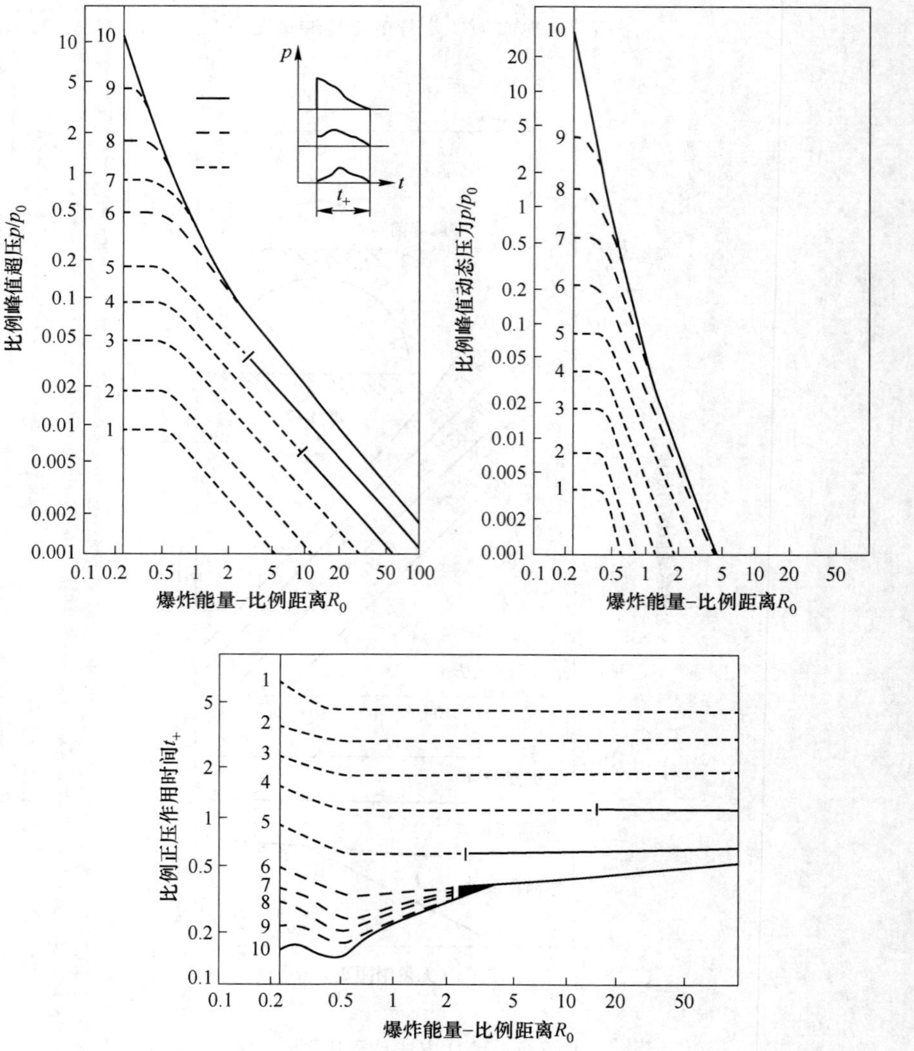

图 7-4　静态超压存在时间与距离关系

7.4.4　British Gas 方法

British Gas 方法用来计算非爆轰天然气云（乙烷含量低于 5% 的甲烷）的爆炸后果，实际上它是 TNT 当量法的一种改进。该方法认为在认定的爆炸区域内会产生 400 kPa 的超压，TNT 当量法中的效率系数增加到 0.2，能量比例系数为 10。

7.4.5　Shell 方法

Shell 方法认为前面几种方法都低估了爆炸在远场的效应。其基本原理与多能法相同，不同之处在于该方法是通过一个反比例衰减规律估算出爆炸超压的。此外这个方法还与一个决策树有关，如图 7-5 所示。

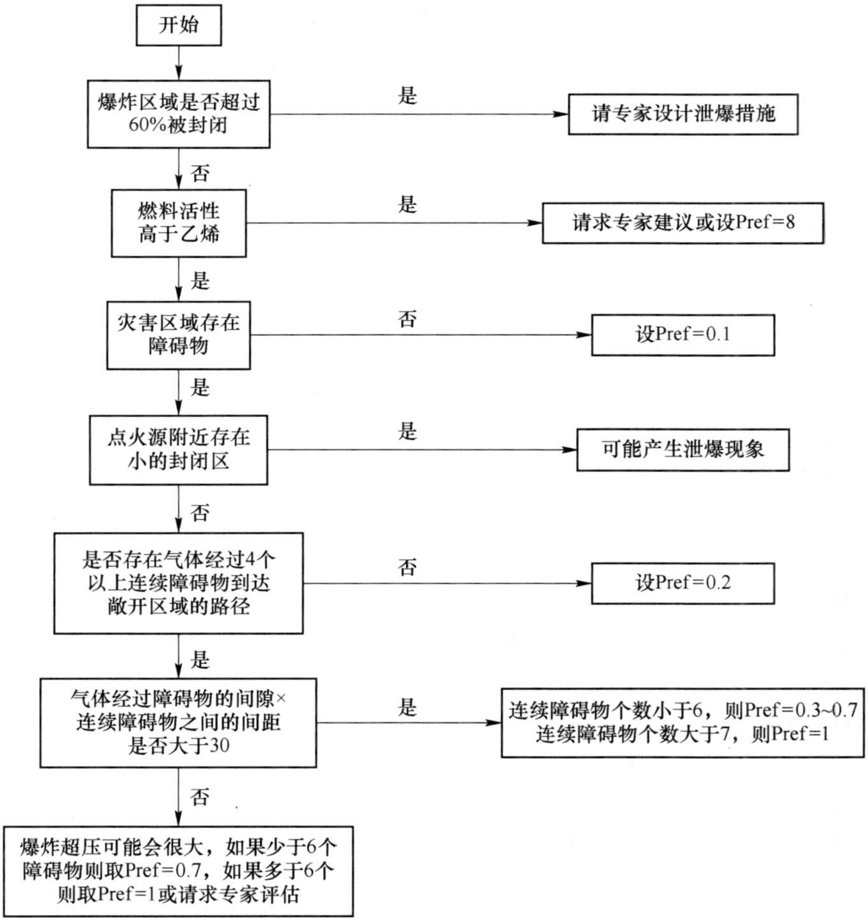

图 7-5　决策树

如图 7-6 所示，这几种经验预测模型在近场存在巨大的差异性，而在远场趋于一致。由于 TNT 当量法容易高估近场的爆炸超压，TNO 方法存在忽略障碍物影响因素的缺陷，因此在实际应用中应优先考虑多能法、British Gas 方法和 Shell 法。

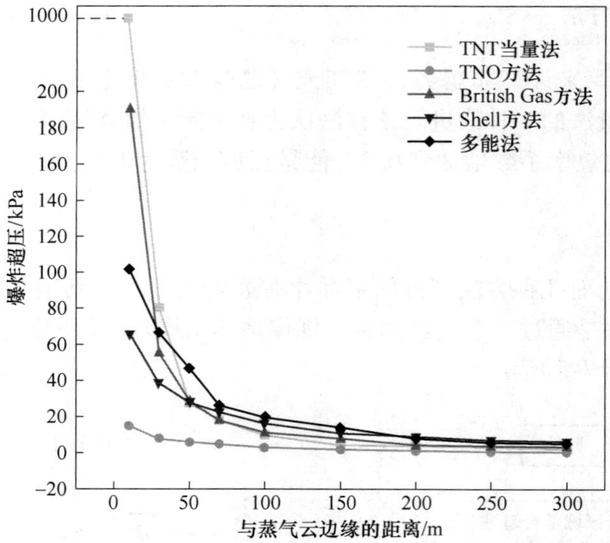

图 7-6 方法对比

7.5 案例分析及思政要点

案例 张家口盛华化工有限公司“11 · 28”重大爆燃事故

（1）事故案例：2018 年 11 月 28 日，位于河北张家口望山循环经济示范园区的中国化工集团河北盛华化工有限公司氯乙烯泄漏扩散至厂外区域，遇火源发生爆燃，造成 24 人死亡（其中 1 人后期医治无效死亡）、21 人受伤（4 名轻伤人员康复出院），38 辆大货车和 12 辆小型车损毁，截至 2018 年 12 月 24 日直接经济损失 4148.8606 万元。

（2）事故原因：盛华化工公司违反《气柜维护检修规程》和《盛华化工公司低压湿式气柜维护检修规程》的规定，聚氯乙烯车间的 1 号氯乙烯气柜长期未按规定检修，事发前氯乙烯气柜卡顿、倾斜，开始泄漏，压缩机入口压力降低，操作人员没有及时发现气柜卡顿，仍然按照常规操作方式调大压缩机回流，进入气柜的气量加大，加之调大过快，氯乙烯冲破环形水封泄漏，向厂区外扩散，遇火源发生爆燃。

（3）思政要点：此次事故造成了严重后果，“十四五”规划第十五篇中明确提出，要坚持人民至上、生命至上，健全公共安全体制机制，严格落实公共安全责任和管理制度，保障人民生命安全，我们要认识到安全是社会生产活动的前提，是社会经济加快建设、加快发展的先决条件，生命价值高于一切价值，要牢固树立安全意识，严格遵守行业准则和职业规范，努力提升自身素养，以高度的社会责任感来对待自己的专业。

习题与答案

7-1 爆炸如何分类？

答：按爆炸性质可分为物理爆炸和化学爆炸。

7-2 爆炸冲击波及其伤害、破坏作用的准则是什么?

答：爆炸冲击波是由压缩波叠加形成，是波阵面以突进形式在介质中传播的压缩波。冲击波伤害、破坏作用准则有：超压准则、冲量准则、超压-冲量准则等。

参 考 文 献

[1] 林艺，张志国，吴保朝．重大危险源风险评价研究及应用［J］．中国建材科技，2014（S2）：114，118.

[2] 李争峰．对危险源辨识、风险评价技术方法的应用探讨［J］．石油化工安全技术，2005（3）：3-5，55.

[3] 林艺，付敏．重大危险源风险评价研究及应用［J］．科技与企业，2012（7）：37-38.

[4] 江诗咏．石化企业火灾爆炸危险性分级及后果预测［J］．中国科技信息，2009（19）：48-49.

[5] 周家红，许开立．爆炸事故后果评价方法［J］．工业安全与环保，2006（3）：52-53.

8 易燃易爆有毒重大危险源评价方法

【导读】

工业生产中重大火灾、爆炸、毒物泄漏事故，其起因和影响都有共同特征：均因失控的事件引起而导致人员的大量伤亡、财产损失和环境的严重破坏，其根源是生产、处理、储存或使用易燃、易爆、有毒物质，具有引发灾难的能量。由于工业活动的复杂性，有效地控制重大危险源，预防重大事故发生，需要采用系统工程法。本章主要介绍了易燃易爆有毒重大危险源评价方法，同时分析事故案例，培养学生未来面对重大风险时所具备的稳定的心理素质及坚实的专业素养，增强学生学习安全专业理论知识的责任感和自豪感，引导学生全面深入了解学习总体国家安全观，勇于肩负起时代赋予的重任。

【学习要求】

掌握易燃、易爆、有毒重大危险源评价法评价结构，并能够将其运用到真实事故案例中。

8.1 概　　述

易燃易爆有毒重大危险源评价法是“八五”国家科技攻关计划《易燃、易爆、有毒重大危险源辨识评价技术研究》课题提出的分析评价方法，是在大量重大火灾、爆炸、毒物泄漏中毒事故资料统计分析基础上，从物质危险性、工艺危险性入手，分析重大事故发生的原因、条件，评价事故的影响范围、伤亡人数和经济损失，提出应采取的预防、控制措施。能较准确地评价出系统内危险物质、工艺过程的危险程度和危险等级，较精确地计算出事故后果的严重程度工艺设备、人员素质及安全管理三方面的107个指标组成评价集。

危险化学品重大危险源（major hazard installations for dangerous chemicals）指长期或临时地生产、加工、使用或储存危险化学品，且危险化学品的数量等于或超过临界量的单元。

危险化学品是指具有易燃、易爆、有毒、有害等特性，会对人员、设施、环境造成伤害或损害的化学品。单元是指一个（套）生产装置、设施或场所，或同属一个生产经营单位的且边缘距离小于500 m的几个（套）生产装置、设施或场所。

8.2 评价方法介绍

8.2.1 评价单元的划分

（1）一般将装置的一个独立部分称为一个单元，要求每个单元都有一定的功能特点。

例如原料供应区、反应区、产品蒸馏区、吸收或洗涤区、成品或半成品储存区、运输装卸区、催化剂处理区、副产品处理区、废液处理区、配管桥区等。

（2）在一个共同厂房内的装置可以划分为一个单元。

（3）在同一个堤坝内的全部贮罐可划分为一个单元。

（4）散设地上的管道不作为独立的单元处理，但配管桥例外。

8.2.2 评价模型的层次结构

根据安全工程学的一般原理，危险性定义为事故频率和事故后果严重程度的乘积，即危险性评价一方面取决于事故的易发性，另一方面取决于事故一旦发生后后果的严重性。

现实的危险性不仅取决于由生产物质的特定物质危险性和生产工艺的特定工艺过程危险性所决定的生产单元的固有危险性，而且还同各种人为管理因素及防灾、灭灾措施的综合效果有着密切的关系。关于易燃、易爆、有毒重大危险源的评价指标体系可以用图 8-1 表示。

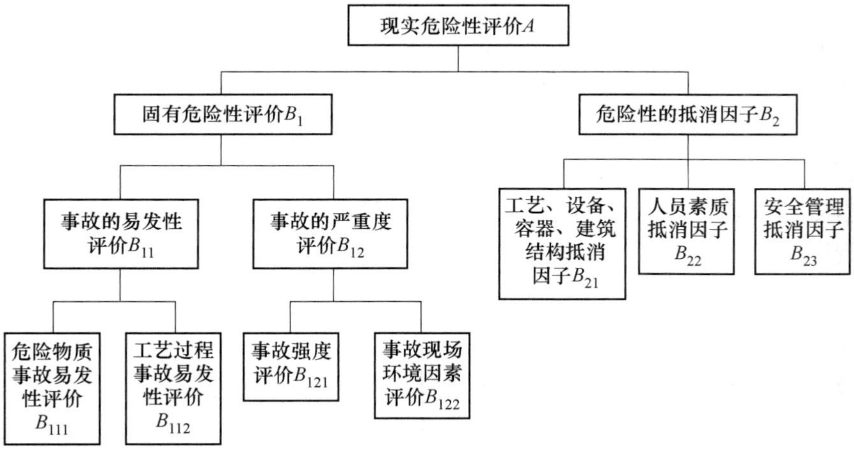

图 8-1　重大危险源评价指标体系框图

8.2.3 评价的数学模型

重大危险源评价分为固有危险性评价与现实危险性评价。固有危险性评价主要反映物质的固有特性、危险物质生产过程的特点和危险单元内部、外部环境状况。现实危险性评价是在固有危险性的基础上考虑各种危险性抵消因子，反映了人在控制事故发生和控制事故后果扩大方面的主观能动作用。

固有危险性评价分为事故易发性评价和事故严重度评价。事故易发性取决于危险物质事故易发性与工艺过程危险性的耦合。

危险源的现实危险性指标评价数学模型为

$$A = \left\{ \sum_{i=1}^{n} \sum_{j=1}^{m} (B_{111})_i W_{ij} (B_{112})_j \right\} \times B_{12} \times \prod_{k=1}^{3} (1 - B_{2k}) \tag{8-1}$$

式中，$(B_{111})_i$ 为第 i 种物质危险性的评价值；$(B_{112})_j$ 为第 j 种工艺危险性的评价值；W_{ij}

为第 j 项工艺与第 i 种物质危险性的相关系数；B_{12} 为事故严重度评价值；B_{2k} 为抵消因子，$B_{21}(k=1)$ 为工艺、设备、容器、建筑结构抵消因子，$B_{22}(k=2)$ 为人员素质的抵消因子，$B_{23}(k=3)$ 为安全管理抵消因子。

8.2.4 易燃、易爆、有毒重大危险源评价法评价过程

8.2.4.1 划分评价单元

一个(套)生产装置、设施或场所，或同属一个生产经营单位的且边缘距离小于 500 m 的几个（套）生产装置、设施或场所划分为一个评价单元。

8.2.4.2 危险物质事故易发性评价方法

（1）具为燃烧、爆炸、有毒危险物质的事故易发性分为 8 类：爆炸性（爆炸物）$\alpha=1.0$；气体燃烧性 $\alpha=1.0$；液体燃烧性 $\alpha=0.9$；固体燃烧性 $\alpha=0.5$；自燃性 $\alpha=0.6$；遇水易燃性 $\alpha=0.2$；氧化性 $\alpha=0.3$；毒性 $\alpha=1.0$。

（2）每类物质根据其总体危险感度给出权重分（α_i），每种物质根据其与反应感度有关的理化参数给出状态分（G_i），每一大类物质下面分若干小类，共计 19 个子类。对每一大类或子类，分别给出状态分的评分标准，权重分与状态分的乘积即为该类物质危险感度的评价值，亦即危险物质事故易发性的评分值（B_{111}）。物质危险性的最大分值为 100 分。

$$(B_{111})_i=\alpha_i G_i \tag{8-2}$$

（3）工艺过程事故易发性 B_{112}，工艺过程事故易发性 B_{112} 的影响因素确定为 21 项，分别为放热反应、吸热反应、物料处理、物料贮存、操作方式、粉尘爆炸、低温条件、高温条件、负压、高压条件、燃烧范围及附近的操作、腐蚀、泄漏、设备因素、密闭单元、工艺布置、明火、摩擦与冲击、高温体、电器火花、静电。

A 爆炸性（爆炸物）

爆炸物一般指受到摩擦、撞击、振动、高热或冲击波等因素的激发，能产生激烈的化学反应，在极短时间内放出大量的能量和气体，同时伴有光、声等效应的物质和物品，爆炸物的事故易发性主要取决于所需最小起爆能。在分类时按其敏感度及其制品的燃烧、爆炸特性分成 5 级，见表 8-1。

表 8-1 按敏感度及其制品的燃烧、爆炸物特性分类

级别	物质性质及其说明
1.1	有整体爆炸危险性的物质，一般指在瞬间影响到全部装入量的爆炸，如炸药库房
1.2	有迸射、但无整体爆炸危险的物质和物品，如弹药生产单元
1.3	有燃烧危险并兼有局部爆炸或局部迸射危险之一，或兼而有之，有燃烧转爆轰危险的物质和物品，如烟火药剂生产单元等
1.4	有剧烈燃烧危险的物质和物品，如湿硝化棉
1.5	非常不敏感但有整体爆炸危险的物质，如硝酸铵

对于有整体爆炸危险（即 1.1 级和 1.5 级）及有燃烧危险并兼有局部爆炸危险（即 1.3）的物质的分级，主要根据爆炸物对热、机械、电、冲击波的敏感程度，其分级判据由式（8-3）计算确定。

$$G = K_{th} + K_e + K_m + K_d \tag{8-3}$$

式中，K_{th}、K_e、K_m、K_d 分别为爆炸物对热、电、机械及冲击波的敏感程度。G 值总分为 100 分。根据 G 的大小，可以对爆炸的敏感程度进行分类，当 $G<40$ 时为低敏感爆炸物，$G \geqslant 40$ 而 $G<70$ 时为高敏感爆炸物。式中各参数的选择如下。

（1）对热（温度）的敏感度 K_{th} 总值为 30 分。按表 8-2 给出的爆炸点进行选择。

表 8-2 热（温度）的敏感度分级判据

爆发点/℃	敏感度	K_{th} 取值/分
≤200	热敏感爆炸物	30
200～300	中敏感爆炸物	20
>300	低敏感爆炸物	10

（2）对电火花（含静电火花）敏感度 K_e。对电火花（含静电火花）敏感度，总值为 25 分。按最小引爆电火花能量的大小取值，见表 8-3。

表 8-3 电火花（含静电火花）的敏感度分级判据

最小引爆电火花能量/mJ	敏感度	K_e 取值/分
≤2	高敏感爆炸物	25
2～15	中敏感爆炸物	15
>15	低敏感爆炸物	5

（3）对机械能作用（包括撞击、摩擦）的敏感度 K_m 总值为 30 分，各级分按表 8-4 选取。

表 8-4 机械能敏感度 K_m 的敏感度分级判据

危险等级	冲击敏感		摩擦敏感爆炸百分数/%	K_m 取值/分
	H_{50}/cm	爆炸百分数/%		
Ⅰ级	>50	<5	<5	5
Ⅱ级	30～50	5～25	5～20	10
Ⅲ级	20～30	25～45	20～40	15
Ⅳ级	10～20	45～70	40～60	20
Ⅴ级	5～10	70～90	60～80	25
Ⅵ级	≤5	≥90	≥80	30

注：爆炸百分数指在 100 次实验中爆炸的次数；H_{50} 指 10 kg 锤落下使爆炸破坏率为 50% 的高度；冲击敏感爆炸百分数指 10 kg 锤自 50 cm 高处落下引爆爆炸物的频率；当冲击感度和摩擦感度值不在同一等级时，按能量最小准则取值。

（4）对冲击波的敏感度总值为 15 分，其分级判据用隔板厚度 δ_{50} 或临界压强值表示，分级判据见表 8-5。

表 8-5　冲击波敏感度分级判据

危险等级	分级判据		K_d 取值/分
	δ_{50}^*/mm	P_c^{**}/GPa	
Ⅰ级	>25	≤1.5	15
Ⅱ级	20~25	1.5~10	10
Ⅲ级	≤20	>10	5

注：δ_{50}^*是以塑料黏结黑索金为主发装药，药柱直径 20 mm，长度为 40 mm，装药密度为（1.727±0.002）g/cm³，以 LY_{12} 铝为隔板测定的临界隔板值；P_c^{**} 是以直径 40 mm，高 100 mm 的 TNT 与黑索金按 1∶1 作主发装药，以 5~30 mm 铜板作隔板所测得的冲击波起爆临界压强值。

对于有迸射危险的物品（即 1.2 级）可按弹药口径及药剂敏感程度来进行评价，该类物品总分值为 80 分。按口径大小分为 3 级，总分为 50 分，见表 8-6；药剂对抛射物的敏感度，用起爆炸药的子弹临界速度来进行分级评价，总分为 30 分，见表 8-7。

表 8-6　有迸射危险的物品按弹药口径评价的分值

危险等级	弹药口径/mm	评分/分
Ⅰ级	≥122	50
Ⅱ级	35~122	30
Ⅲ级	≤35	10

表 8-7　有迸射危险的物品按药剂敏感程度评价的分值

敏感度	临界速度/m·s⁻¹	评分/分
高敏感爆炸物品	<100	30
中敏感爆炸物品	1000~100	20
低敏感爆炸物品	>1000	10

对于剧烈燃烧危险（1.4 级）的物品可按其燃烧速度及自燃点进行分级评价，总分值为 60 分，分级判据如表 8-8 和表 8-9 所列。

表 8-8　有迸射危险的物品按子弹口径评价的分值

评价依据	评分/分	评价依据	评分/分
药剂燃烧速度≥3 m/s	20	药剂燃烧速度<10 mm/s	6
10 mm/s≤药剂燃烧速度<3 m/s	15		

B　气体燃烧性

可燃气体按其危险性质分为两类：爆炸性气体（如 H_2、C_2H_2、LPG 等）和助燃性气体（如 O_2、压缩空气等）。

爆炸性气体的分级判据如图 8-2 所示，总分值为 90 分，包括最大安全缝隙、爆炸极限、最小点燃电流、最小点燃能量、引燃温度。对助燃气体尚无助燃性评价方法。考虑压缩气体容器爆炸危险性，采用临界压力及临界温度来进行分类评判。当临界温度小于 21 ℃ 时，评分为 10 分；当临界温度大于等于 21 ℃小于 50 ℃时，评分为 6 分。

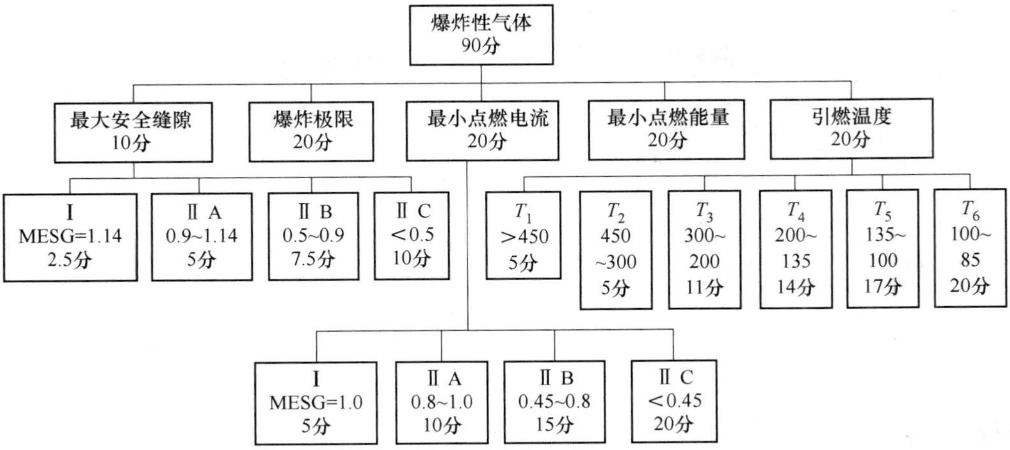

图 8-2 爆炸性气体的分级判据

C 液体燃烧性

燃烧性液体指易燃液体、液体混合物及含有固体物质的液体。其闭环试验闪点小于等于 61 ℃。按闪点与沸点对其进行分级，分为一级、二级、三级，见表 8-9。考虑其化学活泼性，可在原危险系数 B_{111} 基础上进行修正，修正系数如表 8-10 所示。

表 8-9 易燃液体、液体混合物及含有固体物质的液体的评价

类别	分级判据		评分/分
	闪点/℃	沸点/℃	
一级易燃液体（国际称作低闪点液体）	≤ -18	≤35	80
二级易燃液体（国际称作中闪点液体）	-18 ~ 23	>35	60
三级易燃液体（国际称作高闪点液体）	23 ~ 61		40

表 8-10 修正系数

化学活泼性	修正系数 K	化学活泼性	修正系数 K
4	0.20	2	0.06
3	0.12	1	0.02

修正后的液体燃烧性危险系数计算为：

$$B_{111} = B'_{111}(1 + K) \tag{8-4}$$

D 固体燃烧性

指固体爆炸物以外的燃烧性固体物质，包括易燃固体（4.1 级）和爆炸性粉尘（4.2 级）。

根据易燃固体的着火性及燃烧剧烈程度分级，总分值为 20 分，其中着火性占 10 分，燃烧速度占 10 分，分级评判依据如表 8-11 所列。

表 8-11 易燃固体分级判据

项 目	类 别	判 据	评分/分
着火性	一级易燃固体	在 3 s 内着火的物质	10
	二级易燃固体	3 ~ 10 s 内着火的物质	5
	难燃固体	>10 s 着火的物质	3
燃烧速度	一级易燃固体	燃速大于 10 mm/s	10
	二级易燃固体	燃速大于 3 mm/s 不大于 10 mm/s	5
	难燃固体	燃速不大于 3 mm/s	3

爆炸性粉尘在生产过程中经常形成并造成事故，所以在评价中必须加以考虑。粉尘可归纳为一般工业粉尘（需外界供氧）及自供氧粉尘（火爆药粉尘等），其分级判据如图 8-3 和图 8-4 所示。

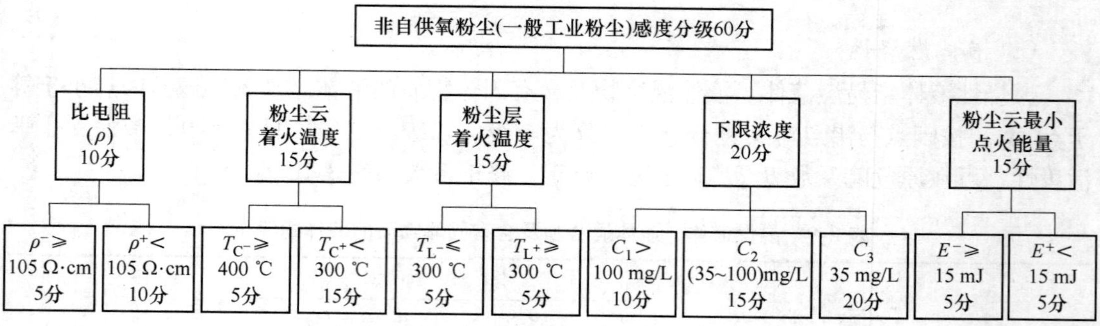

图 8-3 非供氧爆炸性粉尘分级框图及分级判据

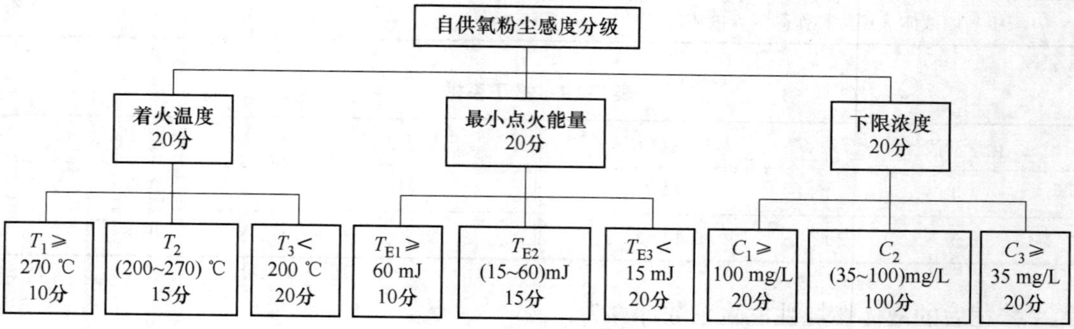

图 8-4 自供氧粉尘分级框图

E 助燃性

助燃性物质指不需要外界火源作用，本身与空气氧化或受外界温度、湿度影响，发热、蓄热达到自燃点而引起燃烧的物质。按其自燃性可分为一级自燃性物质和二级自燃性物质。自燃性物质的评分为 60 分，评分判据见表 8-12。

表 8-12　自燃性物质的评价依据及得分

评价判据		评分/分
自燃形式	自燃点	
在常温下自燃的物质	一级自燃性物质，自燃点在 200 ℃以下	60
在空气中缓慢氧化蓄热	二级自燃性物质，自燃点小于 120 ℃，危险性大	40
	二级自燃性物质，自燃点大于等于 120 ℃小于等于 280 ℃，危险性中	30
	二级自燃性物质，自燃点大于 280 ℃，危险性小	20

F　遇水燃烧性

遇水燃烧物质遇水反应，释放可燃性气体，不经点火自燃或可燃性气体经点火燃烧爆炸，如钾、纳等碱金属及氢化物、有机金属化合物等。在实际应用时，把产生的气体靠近小火焰可发火或 1 kg 试样每小时产生可燃性气体最大量为 0.12 m^3 以上的均称为遇水燃烧物质。

遇水燃烧物质分为两类：

（1）一级遇水燃烧物：反应剧烈，产生易燃、易爆气体及大量热，引起自燃或爆炸的物质。

（2）二级遇水燃烧物：反应缓慢，产生可燃气体遇水而燃烧或爆炸的物质。

在评价时，遇水燃烧物质的总分值为 60 分，一级遇水燃烧物评分为 60 分，二级遇水燃烧物评分为 40 分。

G　氧化性

氧化物可分为有机过氧化物和无机氧化物（氧化剂）。氧化性总分值 60 分，无机氧化物评分为 40 分，有机过氧化物评分为 60 分。

（1）无机氧化物：指处于高氧化态、具有强氧化性、易分解并放出氧和热量的物质。该类物质在混合过程是危险的，经摩擦、撞击迅速分解，有燃烧、爆炸危险。按氧化性强度分为：一级无机氧化物和二级无机氧化物。含有过氧基或高价态的氯、氮、锰等元素，易获得电子，释放大量氧和热的物质定义为一级无机氧化物，评分为 40 分；硝酸盐、过硫酸钠、重铬酸钠等稍稳定、氧化性能稍弱的物质定义为二级无机氧化物，评分为 20 分。

（2）有机过氧化物：有机过氧化物极易分解，对热、振动、摩擦极为敏感，分级判据及评分如图 8-5 所示。

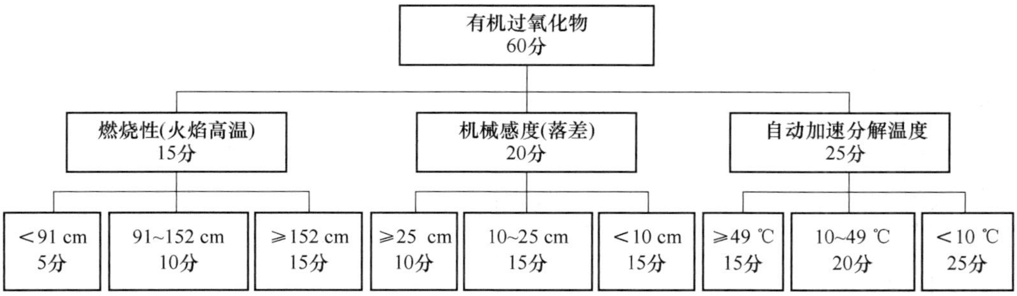

图 8-5　有机过氧化物分级

H 物质中毒事故易发性评价

中毒事故易发性用式（8-5）计算：

$$B_{1118}=B_{1118\text{-}1}+B_{1118\text{-}2}+B_{1118\text{-}3}+B_{1118\text{-}4} \tag{8-5}$$

式中，B_{1118}为物质中毒事故易发性系数；$B_{1118\text{-}1}$为物质毒性系数；$B_{1118\text{-}2}$为物质重度修正系数；$B_{1118\text{-}3}$为物质气味修正系数；$B_{1118\text{-}4}$为物质状态修正系数。

（1）物质毒性系数：物质毒性的大小不仅影响中毒的程度，也是诱发中毒的重要因素。它能干扰人体的正常反应，降低人们在异常情况下制定对策和减轻伤害的能力，导致事故的扩大。用毒性系数来表示毒性的大小，参照美国消防协会的分类标准（NFPA704，NFPA325），将物质毒性分为 4 级，以健康危险系数指数 N_b 来表示物质毒性，如表 8-13 所列。

表 8-13 健康危险系数指数与物质毒性系数

健康危险系数指数 N_b	物质毒性系数 $B_{118\text{-}1}$	健康危险系数指数 N_b	物质毒性系数 $B_{118\text{-}1}$
1	15	3	45
2	30	4	60

（2）物质重度修正系数：物质重度大于空气重度时，容易在地面附近集聚，不容易散发，增大了中毒的可能性，故重度比空气大的物质，其毒性系数按如下原则加以修正。液体、挥发性大、密度比水轻时，增大了中毒的可能性，可按挥发性或与水的相对密度比值进行修正，物质重度修正系数的取值如表 8-14 所列。

表 8-14 物质重度修正系数的取值

气 体 判 据	液体或固体判据	重度修正系数
气体密度/空气密度大于 1.3	极易挥发（物质密度/水密度小于 1）	15
气体密度/空气密度大于 1.0，小于等于 1.3	易发性	10
气体密度/空气密度大于 0.5，小于等于 1.0	能挥性	5
气体密度/空气密度小于等于 0.5	难挥发	0

（3）物质气味修正系数：对于无味、无刺激性的有毒物质由于吸入时没有任何可以警告人们的征兆，故毒性系数应进行修正。当有毒物质具有重气味时修正系数取 0；当其有轻气味时，取 5；当其无气味时，取 10。

（4）物质状态修正系数：和中毒的快慢程度不同。当气体发生泄漏后，会很快扩散，波及很大范围；泄漏的粉尘容易吸入气体内；泄漏的液体虽然具有流动性，但影响范围比气体小得多。应该说明的是绝大部分液化气泄漏后会迅速气化，具备气体的特性，故液化气应视为气体来进行修正。从泄漏后在同一时间内的污染范围来看，气体最大，粉尘次之，液体较小，固体最小。根据物质形态，物质状态修正系数按表 8-15 取值。

表 8-15 物质状态修正系数的取值

物 质 形 态	物质状态修正系数	物 质 形 态	物质状态修正系数
气体（含液化气）	15	液体	5
粉尘（粒径）小于 10 μm	10	固体	0

按中毒事故易发性计算公式及各种系数进行综合分析，可将物质毒性划分为 4 级，如表 8-16 所示。

表 8-16 按物质中毒易发性系数的物质分级

易发性系数	物质分级	易发性系数	物质分级
(75, 100]	剧毒物质	(25, 50]	中毒物质
(50, 75]	高毒物质	[0, 25]	轻毒物质

8.2.4.3 工艺过程事故易发性评价

工艺过程事故易发性与过程中的反应形式、物料处理过程、操作方式、工作环境和工艺过程等有关。确定 21 项因素为工艺过程事故易发性的评价，这 21 项因素是：放热反应、吸热反应、物料处理、物料贮存、操作方式、粉尘生成、低温条件、高温条件、负压条件、特殊的操作条件、腐蚀、泄漏、设备因素、密闭单元、工艺布置、明火、摩擦与冲击、高温体、电器火花、静电、毒物出料及输送。最后一种工艺因素仅与毒性物质有关系。对于一个工艺过程，可以从两方面进行评价，即火灾爆炸事故危险和工艺过程毒性。

（1）工艺过程事故易发性的计算方法。

工艺过程火灾爆炸事故易发性为

$$B_{112} = \frac{100 + \sum_{i=1}^{m} B_{112-i}}{100} \tag{8-6}$$

工艺过程中毒事故易发性计算公式

$$B_{112} = \frac{\left(100 + \sum_{i=1}^{m} B_{112-i}\right)\left(100 + \sum_{j=1}^{n} B_{112-i}\right)}{10000} \tag{8-7}$$

（2）工艺-物质危险性相关系数的确定。

同一种工艺条件对于不同类的危险物质所体现的危险程度是各不相同的，因此必须确定相关系数。相关系数分为 5 级，见表 8-17。

表 8-17 相关系数

级别	相关性	工艺-物质危险性相关系数 w_{ij}
A 级	关系密切	0.9
B 级	关系大	0.7
C 级	关系一般	0.5
D 级	关系小	0.2
E 级	没有关系	0

8.2.4.4 重大危险源事故严重度评价方法

事故严重度用事故后果的经济损失表示，事故后果指事故中人员伤亡以及房屋、设备、物资的财产损失，不考虑停工损失。火灾种类不同，发生火灾的环境不同，应采用不同模型进行评价，评价模型如表 8-18 所列。

表 8-18 危险物与伤害模型之间的对应关系

危险物分级号别	危险物类型	对 应 模 型
1.1～1.5，7.1、7.2	爆炸性物质和氧化性物质	凝聚相含能材料爆炸伤害模型
2.1	爆炸气体	（1）气态储存为蒸气云爆炸伤害模型 （2）液态储存按 $S = AS_1 + (1-A)S_2$ 计算事故后果
3.1～3.3	易燃液体	池火灾模型
4.1、4.2、6.1、6.2	固体燃烧性、自燃性和遇水燃烧物质	固体和粉尘火灾伤害模型

一个危险单元内多种危险物并存的处理方法如下。

非爆炸性危险物：分别计算每种物质发生事故时的总损失，然后取最大值作为该单元的总损失。

$$S = \max_{1 \leqslant i \leqslant N}(s_i)$$

爆炸性危险物：计算总的爆炸能量，然后按总爆炸能量计算总损失。

$$E = \sum_{i=1}^{K} Q_{B,i} W_i \tag{8-8}$$

（1）凝聚相含能材料爆炸的伤害模型。凝聚相含能材料爆炸能产生多种破坏效应，如热辐射、一次破片作用、有毒气体产物的致命效应等，但最危险、破坏力最强、破坏区域最大的是冲击波的破坏效应，包括冲击波传播到很远距离后引起的二次破片（如震碎的玻璃）的破坏效应。

1）冲击波。冲击波是由压缩波叠加形成的。爆炸发生时，大量高压气体冲出，使其周围的空气受到冲击而发生扰动，压力发生突跃变化，这种扰动在空气中传播就成为冲击波。

2）冲击波伤害-破坏准则。常见的冲击波伤害-超压准则有：超压准则、冲量准则、压力-冲量准则等。超压准则认为，只要冲击波超压达到一定值便会对目标造成一定的破坏和损伤。超压准则只考虑超压，不考虑超压持续时间。在 $\omega T+ > 40$ 时（ω 为目标响应角频率，$T+$ 为正相持续时间），超压准则可以得到较好的效果。冲量准则同时考虑超压与作用时间。超压-冲量准则：破坏效应由超压和冲量共同决定。

$$(\Delta p - p_{cr})(I - I_{cr}) = C \tag{8-9}$$

式中，Δp 为冲击波超压；p_{cr} 为引起目标破坏的最小临界超压；I_{cr} 为目标破坏的最小临界超压；C 为常数，与目标性质和破坏等级有关。

3）爆炸的伤害分区：为了估计爆炸所造成的人员伤亡情况，将危险源周围划分为死亡区、重伤区、轻伤区和安全区。在估计死亡区半径时，使用超压-冲量准则；在估计重伤和轻伤半径时，使用超压准则。

4）建筑物的破坏分区：爆炸能不同程度地破坏周围的建筑物和构筑物，造成直接经济损失。根据爆炸破坏模型，可估计建筑物的不同破坏程度，据此可将危险源周围分为几个不同的区域。国内分级标准见表 8-19。

表 8-19 国内建筑物破坏等级划分方法

破坏等级	常量 C_i/Pa^2 · ms	破 坏 方 法
Ⅰ级	近似为 0	玻璃偶尔开裂或振落
Ⅱ级	8.2×10^8	玻璃部分或全部破坏
Ⅲ级	7.39×10^9	玻璃破坏，门窗部分门破坏，砖墙出现小裂缝（5 mm 以内）和少有倾斜，瓦屋面局部掀起
Ⅳ级	2.684×10^{10}	门窗大部分破坏，墙有 5 ~ 50 mm 裂缝和倾斜，钢筋混凝土屋顶裂缝，瓦屋掀起，大部分破坏
Ⅴ级	3.610×10^{10}	门窗摧毁，墙有 50 mm 以上裂缝，倾斜很大，甚至部分倒塌，钢筋混凝土屋顶严重开裂，瓦屋面塌下
Ⅵ级	4.536×10^{10}	砖墙倒塌，钢筋混凝土屋顶塌下

（2）蒸气云爆炸的伤害模型。蒸气云爆炸是一类经常发生、后果十分严重的爆炸事故，如泄漏物扩散到广阔的区域，形成弥漫相当大空间的云状可燃性气体混合物，经过一段延滞时间后，可燃蒸气云被点燃，由于存在某些特殊原因和条件，火焰加速传播，产生危险的爆炸冲击波超压，发生蒸气云爆炸。

（3）沸腾液体扩展蒸气云爆炸火球（BLEVE 火球）热辐射模型。加压存贮的可燃液化气体，由于容器遇外火灼烧使器壁的强度下降，或者由于机械碰撞、制造上的缺陷及腐蚀等使内部压力过高时造成容器破裂，所盛装的液体瞬态泄漏，并在环境温度高于其沸点时急剧气化，如果遇到火源就会发生剧烈的燃烧，产生巨大火球，形成强烈的热辐射，造成人员的伤亡和财产损失，此种现象成为沸腾液体扩展为蒸气爆炸。沸腾液体扩展为蒸气爆炸是石油、化工和交通运输行业常见的重要事故类型。

BLEVE 可以产生 3 种危害后果：冲击波超压、火球热辐射和抛射碎片，有时也可能伴随延迟发生的蒸气云爆炸或闪火等事故灾害。

（4）池火灾伤害模型。可燃液体（如汽油、柴油等）泄漏后流到地面形成液池，或流到水中并覆盖水面，遇到火源燃烧便形成池火。

（5）固体火灾伤害模型。固体火灾的热辐射参数按点源模型估算，此模型认为，火焰辐射出的能量为燃烧热的一部分，并且辐射强度与目标至火源距离的平方成反比。

事故严重度计算如下。

（1）死亡人数的计算：

$$N_1 = 3.14\rho_1(R_{0.5}^2 - R_0^2) \tag{8-10}$$

式中，R_0 为无人区半径，对于池火灾模型，R_0 等于池半径，对于其他模型 R_0 取 0；ρ_1 为死亡区平均人员密度；$R_{0.5}$ 为死亡半径，表示外边界处人员因冲击波作用而导致肺出血而死亡的概率为 0.5。

（2）重伤人数的计算：

$$N_2 = 3.14\rho_2(Rd_{0.5}^2 - R_{0.5}^2) \tag{8-11}$$

式中，ρ_2 为重伤区平均人员密度；$Rd_{0.5}$ 为重伤半径，表示外边界处人员因冲击波作用耳膜破裂的概率为 0.5。

（3）轻伤人数的计算：

$$N_3 = 3.14\rho_3(Rd_{0.01}^2 - Rd_{0.5}^2) \tag{8-12}$$

式中，ρ_3 为重伤区平均人员密度；$Rd_{0.01}$ 为重伤半径，表示外边界处因冲击波作用耳膜破裂的概率为 0.01。

（4）财产损失的计算：

$$C = 3.14\rho_4 R_4^2 \tag{8-13}$$

式中，ρ_4 为破坏区平均财产密度。

（5）毒物伤害模型：

$$S = C + 20\left(N_1 + \frac{N_2}{2} + \frac{105}{6000N_3}\right) \tag{8-14}$$

8.2.4.5 危险性抵消因子

工艺、设备、建筑物火灾爆炸抵消因子有：设备维修保养系数、抑爆装置系数、惰性气体保护系数、紧急冷却系数、应急电源系数、电气防爆系数、防静电系数、避雷系数、阻火装置系数、事故排放与处理系数、装置监控系数、设备布置系数、工艺参数控制系数、泄漏检测装置与响应系数、故障报警及控制装置系数、厂房通风系数、厂房结构系数、工业下水道系数、耐火支撑系数，以及工艺、设备毒性、防止中毒措施抵消因子。

工艺、设备毒性、防止中毒措施抵消因子有：贮槽系数、厂房系数、隔离操作系数、毒物检测系数、应急破坏系统系数、个体防护用品系数、风向标等系数、中毒急救系数。

危险岗操作人员素质：人员合格性、熟练性、稳定性、负荷因子。

安全管理包括安全生产责任制、安全生产教育、安全技术措施计划、安全检查、安全生产规章制度、安全生产管理机构及人员、事故统计分析、危险源评价与整改、应急计划与措施、消防安全管理。

8.2.5 危险性分级与危险控制程度分级

单元危险性以其固有危险性作为分级依据，分级目的主要是便于政府对危险源进行管理。把易燃、易爆、有毒重大危险源划分为 4 个等级：一级重大危险源应由国家级安全管理部门直接管理；二级重大危险源由省、直辖市政府安全管理机构管理；三级由县、市政府安全管理机构管理；四级由企业重点控制和管理。推荐用 $A^* = \lg(B_1)^*$ 作为危险源分级标准，其定义如表 8-20 所示。

表 8-20 重大危险源级别

重大危险源级别	一级	二级	三级	四级
A^*/10 万元	≥3.5	2.5~3.5	1.5~2.5	<1.5

危险源控制水平：综合抵消因子的值 B_2 越小，说明受控程度越高（一级：A 级以上；二级：B 级以上；三级：C 级以上四级：C 级以上）。单元危险控制程度级别如表 8-21 所示。

表 8-21 单元危险控制程度级别

单元危险控制程度级别	A 级	B 级	C 级	D 级
B_2	≤0.001	0.001~0.01	0.01~0.1	>0.1

8.3　案例分析及思政要点

案例1　东营市山东滨源化学有限公司“8.31”重大爆炸事故

（1）事故案例：2015年8月31日23时18分，山东滨源化学有限公司新建年产2万吨改性型胶粘新材料联产项目二胺车间混二硝基苯装置在投料试车过程中发生重大爆炸事故。该事故造成13人死亡，25人受伤，直接经济损失4326万元。

（2）事故原因：车间负责人违章指挥，安排操作人员违规向地面排放硝化再分离器内含有混二硝基苯的物料，混二硝基苯在硫酸、硝酸以及硝酸分解出的二氧化氮等强氧化剂存在的条件下，自高处排向一楼水泥地面，在冲击力作用下起火燃烧，火焰炙烤附近的硝化机、预洗机等设备，使其中含有二硝基苯的物料温度升高，引发爆炸，是造成本次事故发生的直接原因。

（3）思政要点：从本事故可以看出，该公司安全生产观念和安全意识淡漠，无视国家法律，安全生产主体责任不落实，项目建设和试生产过程中，存在严重的违法违规行为，造成了严重后果，我们要提高安全意识，树立大安全观，加强对企业安全生产责任制的认识，提升岗位责任意识、职业素养及职业道德。

案例2　印度博帕尔严重工业灾难

（1）事故案例：1984年，美国一家公司在印度博帕尔造成了一场有史以来最严重的工业灾难。该事故直接致死人数2.5万，间接致死人数55万，永久性残废人数20多万。

（2）事故原因：工厂将原设计中互不连通的安全阀排气孔总管与工艺排气孔总管用软管连通，一位工人在冲洗设备管道时，凉水不慎流入装有异氰酸酯（MIC）的储藏罐，引起化学反应，由于储罐内有大量氯仿，氯仿分解产生氯离子，使储罐发生腐蚀而产生游离铁离子，在铁离子的催化作用下，加速了放热反应进行，致使罐内温度、压力急剧升高。泄漏出的MIC喷向氢氧化钠洗涤塔，但该洗涤塔处理能力太小，不可能将MIC全部中和，洗涤塔后的最后一道防线是燃烧塔，但结果燃烧塔未能发挥作用。重要的一点是，该MIC储罐设有一套冷却系统，以使储罐内MIC温度保持在0.5 ℃左右，但调查表明，该冷却系统自1984年6月起就已经停止运动，没有有效的冷却系统，就不可能控制急剧产生的大量MIC气体。MIC这样的剧毒物品，每个工厂最高储存量为0.5 t。但博帕尔农药厂在事故发生时的总储存量高达90 t，是欧盟安全规定的180倍。

（3）思政要点：从本次事故中可以看出该公司的管理和技术方面存在重大问题，以至于造成灾难性的后果。我们要认识到安全理论要服务于产业安全与安全生产的重要性，明白危险化学品事故对个人、国家及环境的危害，我们要有“大安全”理念和格局，要有维护国家安全的使命感和责任感，肩负起建设更高水平平安中国的时代重任。

习题与答案

8-1　重大危险源评价结构模型是什么？

答：

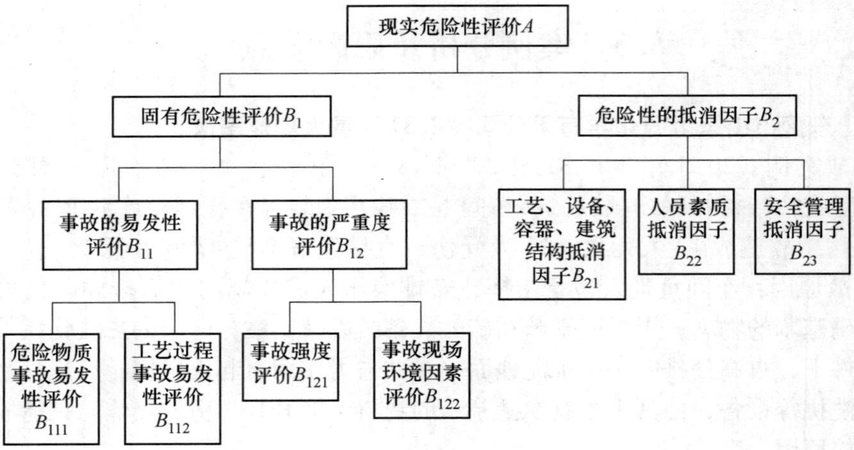

参考文献

[1] 祝峰. 火灾、爆炸、泄漏场所定量安全评价方法及事故后果分析［D］. 郑州：郑州大学，2005.

[2] YANG P，HUANG X J，PENG L，et al. Safety evaluation of major hazard installations based on regional disaster system theory［J］. Journal of Loss Prevention in the Process Industries，2021，69：104346.

[3] MIN Z L. Research on Assessment and Classification for Major Hazard Installation of Dangerous Chemicals［J］. Advanced Materials Research，2013，610：904-909.

[4] ZHOU Y F，LIO M. Risk assessment of major hazards and its application in urban planning：a case study［J］. Risk Analysis：An International Journal，2012，32（3）：566-577.

[5] 王伟. 定量风险评价法在危险化学品重大危险源安全评估中的应用［J］. 化工管理，2021（12）：160-161.